Typenkompass

Alliierte U-Boote

1939–1945

Hans Karr

Motor buch Verlag

Einbandgestaltung: Luis dos Santos

Bildnachweis: Die Quellenangaben zu den Illustrationen sind bei den Bildunterschriften vermerkt. Allen Bildgebern sei recht herzlich für die Überlassung des Bildmaterials gedankt. Bei einigen Fotos konnten die Inhaber der Bildrechte nicht eindeutig ermittelt werden. Verlag und Autor bitten freundlicherweise um Kontaktaufnahme. Der Leser möge die Bildqualität einiger Abbildungen entschuldigen. Sie ist dem altersbedingten Zustand der Bildvorlagen geschuldet.

Inhalt

Fallen die Stichworte U-Boot und Zweiter Weltkrieg, so denkt man in der Regel sofort an die Schlacht im Atlantik und an die deutschen U-Boote, die Grauen Wölfe. Die U-Boote der alliierten Kriegsgegner werden allerdings in den seltensten Fällen in die Betrachtung mit einbezogen. So kommt es, dass in der deutschen Literatur die U-Boote der Kriegsmarine schon oft beschrieben wurden, Publikationen über U-Boote der alliierten Marinen hingegen jedoch kaum zu finden sind.

Der Grund mag sein, dass die U-Boote der deutschen Kriegsgegner keine prestigeträchtigen Konvoi-Schlachten schlugen und so in den Blickpunkt der Öffentlichkeit gekommen sind. Das ging ja auch nicht, denn die deutsche Handelsflotte war ab Mitte 1939 so gut wie gänzlich von den Weltmeeren verschwunden. Alliierte U-Boote standen aber dennoch im harten Kriegseinsatz auf etwas andere Art und Weise ihren Mann. Sie erzielten auf ihre Art große Erfolge und mussten aber auch schmerzliche Niederlagen hinnehmen, genau wie ihre deutschen und japanischen Kriegsgegner.

Die vorliegende Typenkompass-Ausgabe »Alliierte U-Boote 1939–1945« widmet sich diesem wenig beachteten Abschnitt des Seekrieges 1939–1945. In länder-alphabetischer Kapitelreihenfolge werden die wichtigsten und bedeutendsten U-Bootklassen von Frankreich, Großbritannien, den Niederlanden, der Sowjetunion und den USA in kurzen Texten,

Tabellen und Abbildungen vorgestellt. Eingegangen wird auf ihre Bauprogramme und ihre Verwendung im Seekrieg.

Aus Platzgründen werden Küsten- und Klein-U-Boote, auch wenn sie in großer Anzahl mit weit über 100 Einheiten gebaut wurden – wie zum Beispiel die russische »Malyutka«-Klasse, auch als »M«-Klasse bezeichnet – nicht behandelt. Ebenso wurden Versuchs-, Schul- und Beute-U-Boote nicht mit aufgenommen. Aus dem gleichen Grund sind auch die U-Boote kleinerer Marinen, die zum Teil unter Führung der englischen Royal Navy operierten, in diesem Typenkompass nicht enthalten. Auch fehlen in der vorliegenden Veröffentlichung die U-Bootklassen, die im Zweiten Weltkrieg zwar im Bestand einiger der oben aufgeführten Marinen noch vorhanden waren, aber – aus welchen Gründen auch immer – nicht mehr zum Kampfeinsatz kamen.

Die Angaben zu den technischen Daten weichen in der Quellenliteratur zum Teil erheblich von einander ab. Überwiegend wurde sich daher abgestützt auf Erminio Bagnasco, U-Boote im 2. Weltkrieg, Stuttgart, 1988.

Alle U-Boote hatten dem damaligen technischen Standard und den allgemeinen Bauverfahren entsprechend einen Zwei-Wellen-Antrieb, was in den einzelnen Kapiteln daher nicht mehr explizit erwähnt wird.

Frankreich

Die französische Marine erkannte als Erste in dem U-Boot ein leistungsfähiges Seekriegsmittel und baute schon sehr frühzeitig eine starke U-Bootwaffe auf, die dann auch mit einer großen Anzahl von rund 70 Einheiten aus dem Ersten Weltkrieg hervorgegangen war. Allerdings befand sich diese Flotte nicht mehr auf dem neuesten technischen Stand.

Nach den wirtschaftlichen und politischen Schwierigkeiten der unmittelbaren Nachkriegszeit begann 1922 mit den U-Booten der »Requin«-Klasse die Modernisierung. Kontinuierlich folgten bis 1939 fünf weitere Klassen in unterschiedlichster Auslegung, Bootsgröße und Anzahl sowie der U-Kreuzer »Surcouf«. Die meistgebauten französischen U-Boot-Klassen der 1920er und 1930er Jahre waren die mittelgroßen U-Boote des »600/630 Tonnen«-Typs und die größeren Einheiten des »1500 Tonnen«-Typs. Des Weiteren war die französische Werftindustrie auch Lieferant für ausländische Marinen wie Griechenland, Jugoslawien, Lettland und Polen. Insgesamt 15 U-Boote wurden gegen Ende der 1920er Jahre in die genannten Länder exportiert.

Die französische Marine unterschied drei Klassen von U-Booten:
- Boote 1. Klasse waren große Hochseeboote,
- Boote 2. Klasse waren mittelgroße U-Boote,
- Boote 3. Klasse waren Minenleger.

Ein besonderes Merkmal französischer U-Boote waren außen zwischen Druckkörper und Verkleidung eingebaute schwenkbare Torpedorohrsätze. Sie hatten allerdings den Nachteil, dass sie zum einen nicht auf See nachgeladen werden konnten und zum anderen im Tauchzustand das Manövrierverhalten und die Trimmung der U-Boote stark beeinflussten.

Im Zweiten Weltkrieg kamen die französischen U-Boote zunächst gegen die Achsenmächte zum Einsatz. Nach der französischen Niederlage wurden sie weiterhin sowohl von der freifranzösischen Marine als auch von der Vichy-Regierung eingesetzt. Dabei gingen wesentlich mehr französische U-Boote durch Angriffe der Alliierten als zuvor bei Kämpfen mit den Achsenmächten verloren. Viele der Einheiten wurden aber auch selbst versenkt, um sie im Juni 1940 und im November 1942 dem gegnerischen Zugriff zu entziehen.

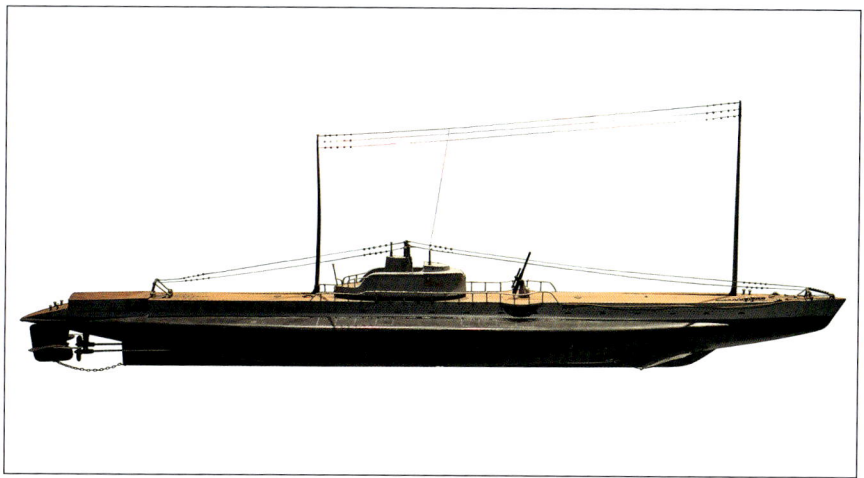

Modellaufnahme der »Saphir«-Klasse, die als Minenlege-U-Boot konstruiert war. (Foto: Rama / CC-BY-SA 3.0)

Großbritannien

Nach Ende des Ersten Weltkriegs besaß die Royal Navy nach Weyers Taschenbuch der Kriegsflotten 1918 rund 160 U-Boote der unterschiedlichsten Klassen. Darunter eine große Anzahl von U-Booten, deren Bau bis in das Jahre 1904 zurückging. Sie waren nicht mehr auf dem neuesten technischen Stand und besaßen somit keinen allzu großen operativen Wert. Auch die zu diesem Zeitpunkt noch modernen Kriegsbauten, die U-Boote der »H«- und »L«-Klasse, standen zwangsläufig mittelfristig zum Ersatz an. Diese U-Boote hatten eine ↑/↓-Verdrängung von 440 t / 500 t bzw. 890 t / 1080 t.

Die notwendige Modernisierung der U-Bootwaffe begann dann Mitte der 1920er Jahre mit der »O«-Klasse. Auf diesem Schiffsentwurf aufbauend, folgten bald die »P«- und »R«-Klassen. Alle drei U-Boottypen waren Hochsee-U-Boote und hauptsächlich für den Einsatz in Fernost vorgesehen. Für den Einsatz in heimischen Gewässern sowie in der Nordsee und im Mittelmeer entstand in den 1930er Jahren die »S«-Klasse, die mit 62 gebauten Booten die größte englische U-Bootklasse wurde. Die »Porpoise«-Klasse war als Minenleger eine Sonderform. Ebenso die 22 kn schnelle »River«-Klasse, die als Flotten-U-Boote eingesetzt werden sollten, aber nur in drei Einheiten gebaut wurde.

Die U-Boote der »T«-Klasse operierten im Zweiten Weltkrieg auf allen Kriegsschauplätzen, wo die Royal Navy kämpfte. Diese Bauserie umfasste 55 Einheiten. Mit der »U«- und »V«-Klasse stellte die englische Marine – ebenfalls in einer großen Anzahl von zusammen 71 Einheiten – mittelgroße

Zwei U-Boote der »H«-Klasse im Trockendock. Vermutlich handelt es sich um die nach dem Ersten Weltkrieg für Kanada bestimmten U-Boote »CH 14« und »CH 15«. (Foto: Royal Navy)

U-Boote für den Einsatz in der Nordsee und im Mittelmeer in Dienst. Von einer noch in Angriff genommenen »A«-Klasse wurden lediglich zwei U-Boote vor Kriegsende fertiggestellt und übernommen, kamen aber nicht mehr zum Einsatz. Diese Klasse bildete somit die erste Nachkriegsgeneration der englischen U-Bootwaffe. Die letzten Einheiten holten erst in den 1970er Jahren Flagge und Wimpel nieder.

Für die U-Boote der Royal Navy gab es zwangsläufig wenig Ziele. Lediglich im Mittelmeer konnten die Einheiten einen wirklich entscheidenden klassischen U-Bootkrieg führen. Zum einen wurde von ihnen der italienische und deutsche Nachschub-

verkehr nach Nordafrika empfindlich gestört und zum anderen bedrohten sie ständig die italienische Flotte. Hier hatten sie ihre größten Erfolge, aber auch ihre größten Verluste. Im Mittelmeer gingen über 45 U-Boote der Royal Navy verloren. Die englischen U-Bootklassen hatten überwiegend eine Ein-Buchstaben-Bezeichnung. Bis auf wenige Ausnahmen begannen die jeweiligen Namen der Einheiten mit diesem Kennbuchstaben. Auch bei der amerikanischen und russischen Marine war eine solche Namensgebung üblich. Es handelt sich hierbei jedoch keinesfalls um die gleichen U-Bootentwicklungen, sondern um grundsätzlich andere U-Bootstypen.

Die beiden abgebildeten U-Boote der »H«-Klasse waren, wie man den Bezeichnungen »CH 14« und »CH 15« entnehmen kann, für Kanada bestimmt. Der am Unterwasserschiff deutlich erkennbare Bewuchs zeigt, dass die beiden U-Boote zuvor schon längere Zeit im Wasser gelegen hatten. (Foto: Royal Navy)

Die vom Dezember 1933 stammende Aufnahme zeigt vier U-Boote der seinerzeit schon veralteten »L«-Klasse. Auffällig ist, dass scheinbar nur »L 22« eine Flagge gesetzt hat. Es ist daher zu vermuten, dass sich die anderen drei Boote im Reservestatus befinden. (Foto: Terry Whalebone / CC-BY-SA 2.0)

Niederlande

Bei Ende des Ersten Weltkriegs besaßen die Niederlande zehn U-Boote, deren Bauzeit bis 1905 zurückging. Weitere 12 Einheiten waren geplant. Teilweise wurde schon im Krieg mit ihrem Bau begonnen. Die Fertigstellung erfolgte in den 1920er Jahren. Im Zweiten Weltkrieg kamen diese Einheiten, da mittlerweile veraltet, allerdings nicht mehr zum Einsatz.

Ihre Folgeprojekte, die ab den 1930 Jahren auf Stapel gelegt wurden und zwischen 1932 und 1940 Flagge und Wimpel setzten, sind nachfolgend im Kapitel über die niederländischen U-Boote beschrieben. Diese U-Boote kamen in der Nordsee, im Mittelmeer, in den Gewässern von Niederländisch-Ostindien und in pazifischen Seegebieten zum Einsatz.

Die niederländische Marine unterschied über lange Zeit zwischen zwei Grundtypen von U-Booten. Zum einen waren dies die U-Boote, die für die heimischen Gewässer vorgesehen waren und ihrer Bootsnummer mit arabischen Zahlen ein »O« für Onderzeeboot vorangestellt hatten. Zum anderen gab es die U-Boote mit »K« für Kolonialboot, die in den Gewässern von Niederländisch-Ostindien zum Einsatz kommen sollten und mit römischen Zahlen fortlaufend nummeriert wurden. Neben dieser in der Namensgebung liegenden Unterscheidung bestand zwischen den beiden Bootstypen ein hauptsächlicher Unterschied in Größe und Fahrstrecke.

Im Jahre 1937 gab man diese Trennung auf und benannte fortan die U-Boote nur noch mit der O-Kennung. Hinsichtlich ihrer Verwendung wurden die Boote dann auch so konstruiert, dass sie sowohl für die europäischen Gewässer wie auch für die Kolonialgebiete geeignet und einsetzbar waren.

Im Zweiten Weltkrieg erzielten einige niederländische U-Boote auf dem pazifischen Seekriegsschauplatz bemerkenswerte Erfolge. Neben zahlreichen japanischen Handels- und Hilfsschiffen versenkten sie auch mehrere Kriegsschiffe. Andererseits gingen durch die Kriegsereignisse auch U-Boote verloren.

Neben den Eigenbauten betrieb die niederländische Marine auch von Großbritannien übernommene Einheiten der »S«-, »T«- und »U«-Klasse.

Russland / Sowjetunion

Der Besitz einer großen U-Bootwaffe war – auch mit Blick auf die deutschen U-Booterfolge im Ersten Weltkrieg – eine der Schlüsselpunkte in der sowjetischen / russischen Seestrategie ab den 1920er Jahren. Dabei spielte das U-Boot allerdings eine überwiegend defensive Rolle. Im Jahre 1927 begann mit der aus sechs U-Booten bestehenden »Dekabrist«-Klasse / »D«-Klasse der Aufbau quasi bei Null, denn aus der Zaristischen Marine waren nach dem Ersten Weltkrieg lediglich acht veraltete U-Boote erhalten geblieben.

Mit der folgenden »Leninets«-Klasse / »L«-Klasse kamen dann im Laufe der Jahre schon 25 U-Boote in Dienst. Die sich anschließende »Shchuka«-Klasse / »Shch«-Klasse war schon um die 80 Einheiten stark. Nicht ganz so hoch in der Auflage war bei Kriegsbeginn mit rund 30 fertigen Einheiten die »Stalinets«-Klasse / »S«-Klasse. Auf eine wesentlich größere Anzahl von um die 100 Booten kamen die kleinen Küsten-U-Boote der »Malyutka«-Klasse / »M«-Klasse, die in mehreren Bauserien entstanden. Sie hatten eine Verdrängung zwischen 161 t und 350 t aufgetaucht und getaucht zwischen 202 t und 420 t. Im Hauptteil werden sie aus Platzgründen als Klein-U-Boote nicht behandelt.

Allerdings muss angemerkt werden, das bei nahezu allen russischen U-Bootklassen die zahlenmäßige Stärke von Quelle zu Quelle – zum Teil sogar sehr stark – differiert. Auch sei an dieser Stelle noch erwähnt, dass mit Kriegsbeginn die Namen der U-Boote durch alpha-numerische Bezeichnungen ausgetauscht wurden.

Bei Kriegsbeginn besaß die russische Marine weit über 200 U-Boote und damit die stärkste U-Bootflotte der Welt. Es sollte sich jedoch zeigen, dass sich ihre Rolle als sehr bescheiden einnahm. In der Ostsee wurden die U-Boote durch Minensperren im Finnischen Meerbusen eingeschlossen und kamen erst mit dem Zusammenbruch der deutschen Front ab Ende 1944 in die Ostsee durch. Spektakulär wurden die Versenkungen der überwiegend mit Flüchtlingen und Verwundeten besetzten und nach Westen fliehenden deutschen Schiffe wie zum Beispiel die Passagierschiffe »Wilhelm Gustloff« (25.484 BRT, am 30. Januar 1945 durch »S 13« versenkt, ca. 10.600 Tote) und »General von Steuben« (13.325 BRT, am 10. Februar 1945 ebenfalls durch »S 13« versenkt, mehr als 3600 Tote) oder das Frachtschiff »Goya«, (5230 BRT, am 16. April 1945 durch »L 3« versenkt, ca. 7000 Tote). Mit jeweils tausenden von Opfern waren dies die bisher weltweit größten Schiffskatastrophen.

Ferner kamen die russischen U-Boote im Schwarzen Meer zum Einsatz. Auch hier blieben die Erfolge bescheiden. Genau wie in der Ostsee war es der deutschen Seite gelungen, die U-Boote durch Minensperren in ihren Häfen weitestgehend zu blockieren. Erst Anfang 1944 konnten die russischen U-Boote verstärkt offensiv vorgehen.

Eine begrenzte Anzahl von U-Booten operierte ab 1941 auch in der Arktis und im Nordmeer. Sie griffen vor allen Dingen die deutsche Küstenschifffahrt in den norwegischen Gewässern an und zwangen daher die deutsche Kriegsmarine entsprechende Sicherungsfahrzeuge einzusetzen. Im Pazifik fand für die russischen U-Boote der Krieg erst Anfang August 1945 statt. Doch hier war eigentlich gar kein Gegner mehr vorhanden und ohnehin folgte im gleichen Monat die japanische Kapitulation.

Insgesamt betrachtet war die Erfolgsbilanz der russischen U-Boote im Zweiten Weltkrieg nicht besonders hoch, allerdings ihre Verluste. Die russische Marine war die einzige Marine, die mit weniger U-Booten aus dem Zweiten Weltkrieg herauskam als sie hineingegangen ist. Rund 100 U-Boote gingen in Verlust.

Die U-Boote der russischen »Malyutka«-Klasse wurden in einer Stückzahl von vermutlich über 100 Einheiten gebaut. (Foto: Bibliothek für Zeitgeschichte)

Vereinigte Staaten von Amerika

Mitte der 1920er begann die amerikanische Marine mit einem rasanten Ausbau ihrer U-Boot-waffe. Von der bis dahin küstenorientierten Ausrichtung wandelte sich ihr Charakter allmählich in Richtung Hochseeverwendung. Eine mögliche Konfrontation mit Japan hielt man stets im Blick. Mit den Hawaii-Inseln stand hierfür eine gut geeignete Abstützung zur Verfügung.

Zunächst sah man als Hauptziele die gegnerischen Schlachtschiffe und Flugzeugträger, schwenkte aber nach Kriegsbeginn um auf den uneingeschränkten U-Bootkrieg – also die warnungslose Versenkung feindlicher Schiffe. Nebenbei angemerkt: Das war exakt die Kriegsführung, zu der ab Februar 1917 die deutsche Kaiserliche Marine übergegangen war und die die Vereinigten Staaten im April 1917 zum Anlass nahmen, in den Ersten Weltkrieg einzutreten.

Die normale Aufgabe der amerikanischen U-Boote lag in der Überwachung der feindlichen Seeverbindung. Bei den zahlreichen Inseln des pazifischen Einsatzgebietes legten sie sich in den Hinterhalt. Häufig wurden sie aber auch zum Legen von

Die durch das Sehrohr gemachte Aufnahme zeigt die Versenkung des japanischen Zerstörers »Yamakaze« am 25. Juni 1942 durch ein amerikanisches U-Boot. (Foto: US Navy)

Minenfeldern genutzt oder zur Unterstützung und Versorgung von Guerillas in den japanisch besetzten Gebieten und Inseln. Zu Aufklärungsoperationen kamen sie ebenso in Verwendung wie als sogenannte »lifeguard submarines«. Soll heißen: Sie standen bei größeren Luftoperationen nahe des Operationsgebietes in See, um abgeschossene Flugzeugbesatzungen aus dem Ozean zu fischen. Über 500 Flieger wurden von ihnen gerettet. Darunter war auch George H. W. Bush, der 1989 der 41. Präsident der USA wurde. In der Schlussphase des Krieges führten die amerikanischen U-Boote auch Küstenbeschießungen durch. Außerdem operierten sie jetzt auch nach deutschem Vorbild in sogenannten »wolf packs« und übernahmen damit die deutsche Rudeltaktik.

Bis Kriegsende verlor Japan durch die amerikanischen U-Boote rund 4.860.000 BRT an Handelsschiffraum. Damit vernichteten sie fast die gesamte japanische Handelsmarine, die Truppen, Waffen und Nachschubgüter in die besetzten Gebiete transportierte und die Verbindung zum Mutterland aufrecht erhalten musste. Vergleicht man diese Versenkungszahl mit derjenigen aus der Schlacht im Atlantik, wo deutsche U-Boote rund 11.938.000 BRT versenkt hatten, so muss man berücksichtigen, dass es für die amerikanischen U-Boote im Pazifik weit weniger Ziele gab als für die deutschen im Atlantik.

Hinzu kamen nochmals rund 200 Versenkungen von Kriegsschiffen, darunter unter anderem Flugzeugträger, Kreuzer und Zerstörer. Die U-Boote leisteten so einen nicht zu verkennenden Beitrag zur Niederringung Japans. Die erfolgreichsten U-Boote der US Navy waren dabei die »Tautog« der »Tambor«-Klasse sowie die »Tang« der »Balao«-Klasse mit 26 respektive 24 versenkten japanischen Schiffen.

Genau wie die deutschen U-Boote hatten auch die Amerikaner in der Anfangszeit Probleme mit ihren Torpedos, was so manchem Ziel das »Leben rettete«. Erst mit der Einführung des elektrischen

Das auf der Marine-werft in Portsmouth / New Hampshire am 9. August 1944 vom Stapel gelaufene U-Boot »Tirante« gehörte zur »Tench«-Klasse. Erst im Jahre 1973 wurde es endgültig aus der Schiffsliste der amerikanischen Marine gestrichen. (Foto: US Navy)

Das U-Boot »Toro« der »Tench«-Klasse wurde nach dem Krieg modernisiert und blieb, zuletzt als Versuchs-U-Boot, bis Juli 1962 im Bestand der amerika-nischen Marine. (Foto: US Navy)

Torpedos in der Schlussphase des Krieges verbesserte sich die Situation. Die Artilleriebewaffnung amerikanischer U-Boote war derjenigen anderer Marinen überlegen. Das ergab sich aus der Art der Kampfführung im Pazifik. Die Einführung von 2-cm- und 4-cm-Flak-Geschützen zwang auch zur Änderungen am Turm, der somit größer ausgeführt werden musste.

Mit den vor dem Zweiten Weltkrieg eingeführten U-Booten, insbesondere ab der «Porpoise«-, »Salmon«- und »Tambor«-Klasse, wurden wertvolle Erfahrungen gesammelt, die bei den in hohen Stückzahlen gefertigten Kriegsbauten

eingeflossen sind. Diese »Gato«- und »Balao«-Klassen trugen dann auch die Hauptlast des U-Bootkrieges auf dem pazifischen Seekriegsschauplatz. Die Standardisierung und die Nutzung von vorgefertigten Teilen führten bei ihnen zu äußerst kurzen Bauzeiten zwischen neun und zwölf Monaten. Eine noch im Krieg begonnene »Tench«-Klasse (↑/↓ 1860 t / 2414 t) kam nicht mehr zum Kriegseinsatz. Diese Boote bildeten in modernisierter Form bis zur Einführung der Atom-U-Boote die aktive U-Bootwaffe der amerikanischen Marine. Sie waren zugleich die letzten konventionellen U-Bootneubauten der US Navy.

Nach dem Zweiten Weltkrieg besaß die amerikanische Marine weit mehr U-Boote, als sie nun gebrauchen konnte. Viele wurden in die Reserve überführt und andere wieder modernisiert und dann zum Teil noch lange Jahre im aktiven Dienst behalten. Auch befreundete Nationen erhielten aus dem großen Pool von Aufliegern ehemalige amerikanische Kriegs-U-Boote.

Außer den im nachfolgenden Kapitel aufgeführten Bootsklassen baute die amerikanische Marine in den 1930er Jahren mit dem Einzelboot »Dolphin«

Das U-Boot »Cuttlefish« und sein Schwesterboot »Cachalot« wurden als Versuchs-U-Boote Anfang der 1930er Jahre gebaut. (Foto: US Navy)

(↑/↓ 1560 t / 2240 t), der »Cachalot«-Klasse (»Cachalot«, »Cuttlefish«, ↑/↓ 1170 t/ 1650 t) und der »Mackerel«-Klasse (»Mackerel«, »Marlin«, ↑/↓ 895 t / 1190 t) weitere U-Boote. Sie erwiesen sich als nicht besonders gelungen oder entsprachen nicht den Einsatzvorstellungen der Marine.

Nach dennoch durchgeführten Kampfeinsätzen wurden die Einheiten nur noch als Versorgungs-, Versuchs- und Schulboote genutzt und nach dem Zweiten Weltkrieg verschrottet.

U-Boot »Dolphin«. (Foto: US Navy)

Das von 1939 bis 1941 gebaute und hier abgebildete U-Boot »Mackerel« war ein reines Versuchs-U-Boot, ebenso sein Schwesterboot »Marlin«. (Foto: US Navy)

»Requin«-Klasse

Die »Requin«-Klasse ist die erste französische U-Bootentwicklung nach dem Ersten Weltkrieg. Mit ihr begann die Modernisierung der französischen U-Bootwaffe, die mit einer großen Anzahl von rund 70 Einheiten aus dem Krieg hervorgegangen war. Allerdings befand sich diese Flotte nicht mehr auf dem neuesten technischen Stand.

Gebaut wurden die neun U-Boote der »Requin«-Klasse auf den Marinewerften in Cherbourg, Brest und Toulon. Mit der Kiellegung des Typschiffes begann am 14. Juni 1922 die Bauserie, die mit der Indienststellung des U-Bootes »Phoque« am 7. Mai 1928 ihren Abschluss fand.

Die »Requin«-Klasse war ein hochseefähiger Bootstyp der 1. Klasse, dessen Bootskörper als Zweihüllenboot konzipiert war. Die Tauchtiefe betrug 80 m. Der Antrieb erfolgte über Wasser durch zwei Dieselmotoren mit je 1450 PS Leistung. Für die Unterwasserfahrt standen zwei Elektro-Fahrmotoren mit jeweils 900 PS zur Verfügung.

Klassenname	Requin
Einzelboote	A: Requin, Souffleur, Morse, Narval, Caiman, B: Marsouin, Phoque, C: Dauphin, Espadon
Bauwerften	A: Marinewerft, Cherbourg, B: Marinewerft, Brest, C: Marinewerft, Toulon
Verdrängung ⬆/⬇	1150 t / 1441 t
Länge × Breite × Tiefgang	78,20 × 6,80 × 5,10 m
Tauchtiefe	80 m
Besatzungsstärke	54
Dieselmotoren	2 × 1450 PS
Elektro-Fahrmotoren	2 × 900 PS
Geschwindigkeit ⬆/⬇	15 kn / 9 kn
Fahrbereich ⬆/⬇	7700 sm bei 9 kn / 70 sm bei 5 kn
Torpedorohre	10 × 55 cm
Torpedos	16
Artillerie	1 × 10-cm-Geschütz

Das U-Boot »Souffleur« während seiner Bauzeit auf der Marinewerft in Cherbourg. Am 2. Oktober 1922 auf Kiel gelegt, lief das Boot am 1. Oktober 1924 vom Stapel und stellte am 10. August 1926 in Dienst. (Foto: Bibliothek für Zeitgeschichte)

Die U-Boote erreichten eine ↑/↓-Geschwindigkeit von 15 kn / 9 kn und besaßen eine Reichweite von 7700 sm.

Die Hauptbewaffnung der »Requin«-Klasse bestand aus zehn 55-cm-Torpedorohren. Vier waren als Bugrohre und zwei als Heckrohre vorhanden. In zwei schwenkbaren Doppelrohrsätzen waren im Zwischenraum zwischen Druckkörper und Außenverkleidung die übrigen vier Torpedorohre angeordnet. Die Rohrsätze befanden sich vor dem Geschütz und unmittelbar hinter dem Turm. Sie hatten den Nachteil, dass sie auf See nicht nachgeladen werden konnten. Im ausgefahrenen Zustand beeinträchtigen sie zudem zwangsläufig das Fahrverhalten und die Steuerung sowie die Trimmung der Boote. Für das Überwassergefecht war auf der »Requin«-Klasse vor dem Turm ein 10-cm-Geschütz eingerüstet.

In den Jahren 1935 bis 1937 durchliefen die Boote eine Überholungsphase, die im Wesentlichen die Motorenanlage und den Bootskörper betraf. Im Zweiten Weltkrieg operierten die U-Boote der »Requin«-Klasse im Mittelmeer und vor der nord-

U-Boot »Requin«. (Foto: Bibliothek für Zeitgeschichte)

afrikanischen Küste. Dabei ging »Morse« durch einen Minentreffer verloren. Nach der französischen Niederlage wechselte »Narval« zu der freifranzösischen Marine und geriet später ebenfalls durch einen Minentreffer in Verlust. Die übrigen Boote blieben zunächst unter der Flagge der Vichy-Regierung. Das U-Boot »Souffleur« wurde im Juni 1941 durch ein englisches U-Boot versenkt.

Nach dem deutschen Einmarsch im November 1942 entkam »Marsouin« nach Nordafrika und schloss sich den Alliierten an. Im Februar 1946 wurde das Boot aus der Flottenliste gestrichen. Die »Caiman« versenkte sich in Toulon selbst. Die übrigen vier U-Boote wurden von Italien erbeutet. Allerdings kam lediglich »Phoque« unter italienischer Flagge zum Einsatz. Das Boot wurde im Februar 1943 durch Flugzeuge versenkt. Die drei restlichen U-Boote der »Requin«-Klasse gingen 1943 als nicht einsatzfähige Hafenlieger durch Kriegseinwirkungen verloren.

U-Boot »Souffleur«. (Foto: Archiv Autor)

U-Boot »Morse«. (Foto: Bibliothek für Zeitgeschichte)

»600 / 630-Tonnen«-Typ

Die insgesamt 28 U-Boote des »600/630-Tonnen«-Typs sind die zweite französische Bauserie von U-Booten nach dem Ersten Weltkrieg. Der Bau begann 1923. Das letzte Boot der in zwei Haupttypen mit jeweils drei Baulosen gefertigten Einheiten stellte 1935 in Dienst. Die Fertigung erfolgte auf fünf verschiedenen Werften. Aus Platzgründen werden Werften und U-Boote namentlich nicht einzeln aufgeführt.

Der »600/630-Tonnen«-Typ war ein mittelgroßes U-Boot der 2. Klasse, das in Zweihüllenbauweise gefertigt war. Die verschiedenen Baulose variierten in der Verdrängung, den Abmessungen, der Bewaffnung und der äußeren Form. Alle Konstruktionen beruhten aber auf gemeinsamen technischen Spezifikationen. Ihre Tauchtiefe wird mit 80 m angegeben.

Der zuerst gebaute »600-Tonnen«-Typ wies einige Unzulänglichkeiten auf, die mit dem später gebauten »630-Tonnen«-Typ beseitigt wurden. So wurde bei Tauchfahrt die Querstabilität verbessert und die Besatzungen erhielten Erleichterungen in ihren Lebensbedingungen an Bord. Zudem zeichnete sich der »630-Tonnen«-Typ durch eine größere Reichweite aus.

Der Antrieb der U-Boote bestand aus zwei Dieselmotoren. Je nach Typ schwankte die Leistung der

Klassenname	600 / 630-Tonnen
Einzelboote	28
Bauwerften	5
Verdrängung ↑/↓	609 t bis 656 t / 757 t bis 822 t
Länge	63,40 m bis 65,90 m
Breite	4,90 m bis 5,40 m
Tiefgang	3,60 m bis 4,3 m
Tauchtiefe	80 m
Besatzungsstärke	41
Dieselmotoren	2 × 600 PS bis 710 PS
Elektro-Fahrmotoren	2 × 500 PS
Geschwindigkeit ↑/↓	13,5 kn bis 14,0 kn / 7,5 kn bis 9 kn
Fahrbereich ↑/↓	Typ A,B,C: 3500 sm bei 7,5 kn / 75 sm bei 5 kn, Typ D,E,F: 4000 sm bei 10 kn / 82 sm bei 5 kn
Torpedorohre	Typ A,B,C: 7 × 55 cm, Typ D,E,F: 6 × 55 cm, Typ D,E,F: 2 × 40 cm
Torpedos	Typ A,B,C: 13 × 55 cm, Typ D,E,F: 7 × 55 cm, Typ D,E,F: 2 × 40 cm
Artillerie	1 × 7,6-cm-Geschütz, 1 × 10-cm-Geschütz (nur Typ B)

U-Boot »Sirene«. (Foto: Bibliothek für Zeitgeschichte)

Motoren zwischen 600 PS und 710 PS. Für die Unterwasserfahrt waren einheitlich zwei Elektro-Fahrmotoren von je 500 PS vorhanden. Damit ergaben sich Überwasser-Geschwindigkeiten von 13,5 kn bis 14 kn. Getaucht lagen die Geschwindigkeiten zwischen 7,5 kn und 9 kn. Je nach Bootsvariante lag die Reichweite bei 3500 sm bzw. 4000 sm.

Der »600-Tonnen«-Typ besaß sieben 55-cm-Torpedorohre, die auf unterschiedliche Weise eingebaut waren. Von den drei Bugrohren waren zwei außen angeordnet. Ebenso die beiden Heckrohre. Hinter dem Turm befand sich ein außen eingebauter schwenkbarer Zwillingsrohrsatz.

Der »630-Tonnen«-Typ war mit nur sechs 55-cm-Torpedorohren ausgerüstet. Die Anordnung war wie bei dem »600-Tonnen«-Typ, allerdings war achtern nur ein 55-cm-Torpedorohr vorhanden, das zudem schwenkbar angeordnet war. Zwei 40-cm-Torpedorohre waren zusätzlich in dieser Schwenkeinrichtung mit eingebaut.

An Artillerie hatten die U-Boote des Typs B ein 10-cm-Geschütz vor dem Turm eingerüstet. Alle anderen Varianten waren mit einem 7,6-cm-Geschütz ausgestattet.

Die U-Boote des »600/630-Tonnen«-Typs wurden 1937/1938 modernisiert. Ein Boot, die »Nymphe«, stellte 1938 außer Dienst und wurde verschrottet. Bereits 1928 war die erste »Ondine« nach der Kollision mit einem Handelsschiff gesunken.

Während des Zweiten Weltkrieges führten die U-Boote bis zur Kapitulation Frankreichs verschiedene weitreichende Operationen durch.

Dabei ging die »Doris« verloren, die vom deutschen U-Boot »U 9« vor der niederländischen Küste versenkt wurde. Im Juli 1940 beschlagnahmte die Royal Navy »Orion« und »Ondine«, die sich zu diesem Zeitpunkt in Großbritannien aufhielten. Unter englischer Flagge kamen sie jedoch nicht zum Einsatz. Die beiden U-Boote wurden 1943 verschrottet.

Die übrigen U-Boote des »600/630-Tonnen«-Typs wurden sowohl von der freifranzösischen Marine als auch von der Vichy-Regierung weiter betrieben. Einige gingen durch Kriegsereignisse und andere durch Selbstversenkung verloren.

Zwei U-Boote erbeutete die italienische Marine, ohne sie jedoch anschließend aktiv zu verwenden. Sieben U-Boote haben den Krieg überlebt. Sie wurden 1946 von der französischen Marine außer Dienst gestellt und verschrottet.

U-Boot »Arethuse«. (Foto: Bibliothek für Zeitgeschichte)

U-Boot »Atalante«.
(Foto: Bibliothek
für Zeitgeschichte)

U-Boot »630-Tonnen«-Typ F. (Foto: US Navy)

Zwei U-Boote des »630-Tonnen«-Typs F. Deutlich zu erkennen das auf diesem Typ außen gelegene und
schwenkbare Hecktorpedorohr. (Foto: Bibliothek für Zeitgeschichte)

U-Boot »Sirene«. (Foto: Bibliothek für Zeitgeschichte)

U-Boot »Atalante«. (Foto: Bibliothek für Zeitgeschichte)

»1500-Tonnen«-Typ

Bei den U-Booten des »1500-Tonnen«-Typs handelt es sich um hochseefähige U-Boote der 1. Klasse. Die insgesamt 31 Einheiten entstanden ab 1924 in drei Baulosen auf acht verschiedenen Werften. Aus Platzgründen werden Werften und U-Boote namentlich nicht einzeln aufgeführt. Im Jahre 1939 stellten die letzten beiden Boote der zahlenmäßig größten französischen U-Bootklasse in Dienst.

Die Zweihüllenboote hatten eine Tauchtiefe von 80 m und eine Reichweite von 10.000 sm. Der Antrieb bestand für die Überwasserfahrt aus zwei Dieselmotoren. Je nach Baulos hatten diese eine Leistung von 3000 PS, 3600 PS oder 4300 PS. Einheitlich standen zwei Elektro-Fahrmotoren von je 500 PS für die Tauchfahrt zur Verfügung. Die U-Boote des »1500-Tonnen«-Typs erreichten Geschwindigkeiten von bis zu 20 kn im Dieselbetrieb. Unter Wasser lag die Geschwindigkeit bei 10 kn.

Bewaffnet waren die U-Boote mit insgesamt neun 55-cm-Torpedorohren. Ein Viererrohrsatz war fest am Bug eingebaut und vom Bootsinneren nachladbar. Ein schwenkbarer Drillingsrohrsatz befand sich außen hinter dem Turm. Am Heck war ein zweiter, außen gelegener Rohrsatz mit zwei 55-cm-Rohren und zwei 40-cm-Rohren eingerüstet. Bei späteren Umbauten wurden die beiden 40-cm-Torpedorohre durch ein 55-cm-Rohr ersetzt, sodass jetzt achtern ein 55-cm-Drillingsrohrsatz vorhanden war. Artilleristisch waren die

Klassenname	1500-Tonnen
Einzelboote	31
Bauwerften	8
Verdrängung ↑/↓	1570 t / 2084 t
Länge × Breite × Tiefgang	92,30 × 8,20 × 4,70 m
Tauchtiefe	80 m
Besatzungsstärke	61
Dieselmotoren	2 × 3000 PS – 3600 PS – 4300 PS
Elektro-Fahrmotoren	2 × 500 PS
Geschwindigkeit ↑/↓	17 kn – 19 kn – 20 kn / 10 kn
Fahrbereich ↑/↓	10.000 sm bei 10 kn / 100 sm bei 5 kn
Torpedorohre	9 × 55 cm, 2 × 40 cm (später durch 1 × 55 cm ersetzt)
Torpedos	11 × 55 cm, 2 × 40 cm
Artillerie	1 × 10-cm-Geschütz

U-Boote des »1500-Tonnen«-Typs mit einem 10-cm-Geschütz ausgerüstet. Während des Zweiten Weltkriegs erhielten einige Einheiten eine zusätzliche Flak-Bewaffnung.

Der »1500-Tonnen«-Typ war der erfolgreichste und am häufigsten eingesetzte französische U-Boottyp, von dem allerdings schon vor dem Zweiten Weltkrieg zwei Einheiten durch Unfall

U-Boot »Archimede«. (Foto: Bibliothek für Zeitgeschichte)

U-Boot »Poncelet«. (Foto: Bibliothek für Zeitgeschichte)

Zwei U-Boote des »1500-Tonnen«-Typs während der Bauphase. (Foto: Bibliothek für Zeitgeschichte)

verloren gingen. Die U-Boote waren zunächst im gesamten französischen Einflussbereich – von Europa bis nach Indochina – stationiert. Nach Kriegsausbruch operierten die in Europa befindlichen U-Boote gegen die deutsche Handelsschifffahrt. Mit Ende der deutsch-französischen Kampfhandlungen kamen der »1500-Tonnen«-Typ sowohl bei der Vichy-Regierung als auch bei der freifranzösischen Marine weiter zum Einsatz.

Bei Kampfhandlungen gingen elf U-Boote während des Krieges verloren. Zwölf U-Boote versenkten sich 1940 bzw. 1942 selbst und entzogen sich so dem deutschen respektive dem italienischen Zugriff. Ein Boot stellte in Vietnam außer Dienst. Fünf Einheiten des »1500-Tonnen«-Typs überlebten den Krieg. Bis auf eine Ausnahme blieben sie bis 1952 im Dienst der französischen Marine.

Ein U-Boot des »1500-Tonnen«-Typs während der Bauphase. Deutlich zu erkennen ist am Heck der schwenkbare Torpedorohrsatz mit je zwei 55-cm- und 40-cm-Rohren. (Foto: Archiv Autor)

»Saphir«-Klasse

Die sechs U-Boote der »Saphir«-Klasse waren mittelgroße Minenleger und zählten somit als U-Boote der 3. Klasse. Die Bauserie begann am 25. Mai 1926 mit der Kiellegung des Typschiffes und endete am 1. März 1937 mit der Indienststellung der »Perle«. Alle U-Boote wurden auf der Marinewerft in Toulon gefertigt. Die Zweihüllenboote waren für eine Tauchtiefe von 80 m ausgelegt. Zwei Dieselmotoren mit zusammen 1300 PS Leistung für die Überwasserfahrt und zwei Elektro-Fahrmotoren mit insgesamt 1100 PS für die Tauchfahrt verliehen den Einheiten eine ↑/↓-Geschwindigkeit von 12 kn / 9 kn. Die Reichweite betrug 7000 sm.

Die Torpedobewaffnung war recht schwach ausgelegt. Sie bestand aus zwei 55-cm-Bugtorpedorohren und einem außen gelegenen schwenkbaren 55-cm-Hecktorpedorohr. In der Schwenkeinrichtung waren nochmals zwei 40-mm-Torpedorohre eingebaut. An Artillerie stand vor dem Turm ein 7,6-cm-Geschütz. Entsprechend ihres zugedachten Verwendungszwecks und Einsatzprofils konnte die »Saphir«-Klasse eine große Anzahl von Minen mitnehmen. Beidseitig waren in acht vertikalen Seitenschächten jeweils zwei Minen untergebracht.

Klassenname	Saphir
Einzelboote	Saphir, Turquoise, Nautilus, Rubis, Diamant, Perle
Bauwerft	Marinewerft, Toulon
Verdrängung ↑/↓	761 t / 925 t
Länge × Breite × Tiefgang	65,90 × 7,10 × 4,30 m
Tauchtiefe	80 m
Besatzungsstärke	42
Dieselmotoren	2 × 650 PS
Elektro-Fahrmotoren	2 × 550 PS
Geschwindigkeit ↑/↓	12 kn / 9 kn
Fahrbereich ↑/↓	7000 sm bei 7,5 kn / 80 sm bei 4 kn
Torpedorohre	3 × 55 cm, 2 × 40 cm
Torpedos	5 × 55 cm, 2 × 40 cm
Artillerie	1 × 7,6-cm-Geschütz
Minen	32

In den Jahren 1939 / 1940 führten U-Boote der »Saphir«-Klasse Minenunternehmungen in der Nordsee und im Mittelmeer durch. Nach der französischen Kapitulation schloss sich »Rubis« der freifranzösischen Marine an. Bis Kriegsende führte das Boot weitere 22 Minen-

Minen-U-Boot »Saphir«. (Foto: Bibliothek für Zeitgeschichte)

unternehmungen in der Biskaya und vor Norwegen durch, denen über 20 Schiffe zum Opfer fielen. Das U-Boot blieb bis 1949 im Dienst der französischen Marine und sank auf der Schleppfahrt in die Abwrackwerft. Das U-Boot »Perle« wurde von den Alliierten übernommen und 1944 versehentlich durch ein englisches Flugzeug im Atlantik versenkt. Auch die übrigen vier unter der Flagge der Vichy-Regierung verbliebenen U-Boote der »Saphir«-Klasse gingen während des Krieges verloren.

Der Stapellauf des Minen-U-Bootes »Diamant« erfolgte am 18. Mai 1933 auf der Marinewerft in Toulon. (Foto: Bibliothek für Zeitgeschichte)

Minen-U-Boot »Diamant«. (Foto: Archiv Autor)

»Surcouf«

Der französische U-Kreuzer »Surcouf« war bei seiner Indienststellung am 3. Mai 1934 das größte U-Boot der Welt. Gebaut wurde der U-Kreuzer auf der Marinewerft in Cherbourg, wo er im Oktober 1927 auf Kiel gelegt wurde und am 18. November 1929 vom Stapel lief. Erst zehn Jahre später baute Japan mit der flugzeugtragenden »Sen Toku«-Klasse noch größere U-Boote, die auf eine fast doppelt so große ↑/↓-Verdrängung von 5223 t / 6560 t kamen. Die »Surcouf« sollte im Kriegsfalle bei weitreichenden Einsätzen sowohl als klassisches U-Boot wie auch über Wasser als Handelsstörer verwendet werden. Für 90 Tage konnte der U-Kreuzer Vorräte mitnehmen. Neben der 118-köpfigen-Besatzung war gegebenenfalls noch für 40 weitere Personen – zum Beispiel die Besatzungen von versenkten oder gekaperten Handelsschiffen – Unterkunftskapazität vorhanden.

Die »Surcouf« war als Zweihüllenboot ausgelegt und konnte bis zu einer Tauchtiefe von 80 m operieren. Zwei Dieselmotoren von jeweils

Bootsname	Surcouf
Bauwerft	Marinewerft, Cherbourg
Verdrängung ↑/↓	3250 t / 4304 t
Länge × Breite × Tiefgang	110,00 × 9,00 × 9,07 m
Tauchtiefe	80 m
Besatzungsstärke	118 + 40
Dieselmotoren	2 × 3800 PS
Elektro-Fahrmotoren	2 × 1700 PS
Geschwindigkeit ↑/↓	18 kn / 8,5 kn
Fahrbereich ↑/↓	10.000 sm bei 10 kn / 70 sm bei 4,5 kn
Torpedorohre	8 × 55 cm, 4 × 40 cm
Torpedos	14 × 55 cm, 8 × 40 cm
Artillerie	1 × 20,3-cm-Zwillingsgeschütz, 2 × 3,7-cm-Geschütz
Ausrüstung	1 × Bordflugzeug, 1 × Motorboot (zeitweise), 1 × Entfernungsmessanlage

U-Kreuzer »Surcouf«. (Foto: Bibliothek für Zeitgeschichte)

3800 PS standen für die Überwasserfahrt zur Verfügung. Für die Tauchfahrt wurden die beiden Elektro-Fahrmotoren von je 1700 PS eingesetzt. Die Antriebsmotoren verliehen dem Riesen-U-Boot eine ↑/↓-Geschwindigkeit von 18 kn / 8,5 kn. Die Reichweite der »Surcouf« betrug 10.000 sm.

Die Torpedobewaffnung bestand aus acht 55-cm- und vier 40-cm-Torpedorohren. Davon waren vier 55-cm-Rohre im Bug fest eingebaut. Die übrigen Torpedorohre befanden sich nach Kaliber getrennt in zwei schwenkbaren Vierlingssätzen außen liegend im Achterschiff. Für beide Torpedotypen waren Reservetorpedos an Bord.

Die Artilleriebewaffnung bestand aus einem wasserdichten Turm mit zwei 20,3-cm-Geschützen, der vorne im U-Bootturm integriert war. Die maximale Schussweite wird mit 27.500 m angegeben. Der Einsatz des Geschützes erfolgte aus einer Feuerleitzentrale, die mit einem Entfernungsmesser ausgestattet war. Nach dem Auftauchen war das Geschütz in zweieinhalb Minuten betriebsbereit. Es erreichte eine Kadenz von drei Schuss pro Minute. Der Munitionsvorrat umfasste 600 Granaten. Ergänzend zu dieser Schweren Artillerie waren achtern auf dem U-Bootturm nochmals zwei 3,7-cm-Geschütze zur Flugabwehr eingerüstet.

Eine weitere Besonderheit der »Surcouf« war das zu Aufklärungszwecken mitgeführte Bordflugzeug. Es war in zerlegtem Zustand in einem druckfesten Behälter im hinteren Teil des U-Bootturms unter-

Seitenrisszeichnung des U-Kreuzers »Surcouf«.
(Foto: Rama / CC-BY-SA 33.0)

U-Kreuzer »Surcouf«. (Foto: Bibliothek für Zeitgeschichte)

gebracht. Nach dem Auftauchen war das Schwimmerflugzeug in circa 30 Minuten einsatzklar. Es wurde mit einem Kran zu Wasser gelassen und ebenso wieder aufgenommen.

Des Weiteren befand sich ein Motorboot an Bord, das im Zwischenraum von Druckkörper und Außenverkleidung hinter dem U-Bootturm gelagert war. Es kam aber schon vor Beginn des Zweiten Weltkriegs wieder von Bord.

Im Juni 1940 konnte die »Surcouf« von Brest nach Plymouth entkommen. In Großbritannien wurde sie zunächst beschlagnahmt und anschließend der freifranzösischen Marine übergeben. Die »Surcouf« führte mehrere erfolglose Atlantikunternehmungen durch. Anfang 1942 begann ein Verlegungsmarsch in den Pazifik, auf dem der U-Kreuzer im Golf von Mexiko durch ein Handelsschiff gerammt wurde und mit der gesamten Besatzung sank.

U-Kreuzer »Surcouf«. (Foto: Bibliothek für Zeitgeschichte)

Auf der »Surcouf« konnte in einem druckfesten Flugzeughangar ein zerlegtes Bordflugzeug mitgeführt werden. (Foto: Bibliothek für Zeitgeschichte)

»Minerve«-Klasse

Die sechs U-Boote der »Minerve«-Klasse sind eine Weiterentwicklung des »630-Tonnen«-Typs und waren U-Boote der 2. Klasse. Zu den wesentlichen Verbesserungen zählten insbesondere die verändert angeordnete Torpedobewaffnung sowie die größere Leistung der Antriebsmotoren. Die Einheiten entstanden von 1931 bis 1936 auf der Marinewerft in Cherbourg, bei Chantier Normand in Le Havere und Chantier Worms in Le Trait sowie bei Chantier Dubigeon in Nantes. Um einen möglichst einheitlichen Bootstyp sicher zu stellen, hatte die französische Admiralität in der Planungsphase detaillierte Bootsentwürfe ausarbeiten lassen. Die Zweihüllenboote hatten, wie bislang alle französischen U-Bootentwicklungen der Zwischenkriegszeit, eine Tauchtiefe von 80 m. Zwei Dieselmotoren und zwei Elektro-Fahrmotoren von jeweils 900 PS respektive 615 PS standen für die Überwasser- und Unterwasserfahrt zur Verfügung. Sie verliehen den U-Booten eine ↑/↓-Geschwindigkeit von 14 kn / 9 kn. Die Reichweite der »Minerve«-Klasse betrug 4000 sm.
Alle sechs 55-cm-Toprpedorohre der »Minerve«-Klasse waren im Bootsinneren eingebaut. Vorhan-

Klassenname	Minerve
Einzelboote	A: Minerve, B: Junon, Pallas, C: Venus, Cérés, D: Iris
Bauwerften	A: Marinewerft, Cherborug, B: Chantier Normand, Le Havere, C: Chantier Worms, Le Trait, D: Chantier Dubigeon, Nantes
Verdrängung ↑/↓	662 t / 856 t
Länge × Breite × Tiefgang	68,10 × 5,60 × 3,60 m
Tauchtiefe	80 m
Besatzungsstärke	42
Dieselmotoren	2 × 900 PS
Elektro-Fahrmotoren	2 × 615 PS
Geschwindigkeit ↑/↓	14 kn / 9 kn
Fahrbereich ↑/↓	4000 sm bei 10 kn / 85 sm bei 5 kn
Torpedorohre	6 × 55 cm, 3 × 40 cm
Torpedos	6 × 55 cm, 3 × 40 cm
Artillerie	1 × 7,6-cm-Geschütz

U-Boot »Pallas«. (Foto: Bibliothek für Zeitgeschichte)

den waren vier Bugrohre und zwei Heckrohre. Drei 40-cm-Torpedorohre waren schwenkbar außen hinter dem Turm als Drillingsrohrsatz eingerüstet. Die Artilleriebewaffnung bestand aus einem 7,6-cm-Geschütz, das vor dem Turm an Oberdeck aufgestellt war.

Bei der französischen Kapitulation befanden sich die U-Boote »Junon« und »Minerve« in englischen Häfen. Sie wurden von der Royal Navy beschlagnahmt und dann der freifranzösischen Marine übergeben. Sie kamen in norwegischen und arktischen Gewässern zum Einsatz. Die übrigen vier U-Boote verblieben unter dem Kommando der Vichy-Regierung. Ende November 1942 versenkten sich drei Boote in Oran und Toulon selbst. Die »Iris« entkam nach Spanien und wurde dort bis Ende des Krieges interniert.

»Junon«, »Iris« und »Minerve« überstanden den Zweiten Weltkrieg und fuhren nach dessen Ende wieder unter französischer Flagge. Während »Minerve« im September 1945 auf Grund lief und aufgegeben werden musste, stellten die beiden Schwesterschiffe 1954 und 1950 außer Dienst und wurden abgewrackt.

Das U-Boot »Iris« während seiner Bauzeit. (Foto: Bibliothek für Zeitgeschichte)

»L'Aurore«-Klasse

Die U-Boote der »L'Aurore«-Klasse waren nach der »Minerve«-Klasse eine nochmalige Verbesserung des »630-Tonnen«-Typs und als U-Boote der 2. Klasse eingestuft. Insgesamt war der Bau von 15 Einheiten vorgesehen. Fünf Werften waren in dem Bauprogramm eingebunden. Der Bau des Typschiffes begann 1935. Fertiggestellt – jedoch größtenteils Teil erst nach Kriegsende – wurden lediglich sieben Einheiten. Fünf weitere U-Boote wurden vor Kriegsbeginn noch auf Kiel gelegt, aber nicht mehr zu Ende gebaut und später verschrottet. Drei geplante Einheiten wurden storniert. Die Einheiten der »L'Aurore«-Klasse waren Zweihüllenboote mit einer Tauchtiefe von 100 m. Zwei Dieselmotoren von je 1500 PS für Überwasserfahrt und zwei Elektro-Fahrmotoren von je 700 PS für Tauchfahrt ermöglichten eine ↑/↓-Geschwindigkeit von 15 kn / 9 kn. Die Reichweite der U-Boote betrug 5600 sm.

Die Bewaffnung der »L'Aurore«-Klasse war gegenüber den Vorgängern deutlich aufgewertet. Sie bestand einheitlich aus neun 55-cm-Torpedorohren, wovon vier im Bug eingebaut waren. Ein schwenkbarer Drillingsrohrsatz war außen hinter dem Turm vorhanden, ebenso am Heck ein Zwillingsrohrsatz. Als Artillerie war ursprünglich ein 10-cm-Geschütz vorgesehen. Bei den nach 1945 in Dienst gestellten Booten kam jedoch ein 8,8-cm-Geschütz zum Einbau.

Klassenname	L'Aurore
Einzelboote	fertiggestellt: L'Africaine, L'Androméde, L'Artémis, L'Astrée, L'Aurore, La Créole, La Favorite begonnen: L'Andromaque, L'Antigone, L Armide, La Bayadére, La Clorinde geplant: La Cornélie, La Gorgone, L'Hermione
Bauwerften	Marinewerft, Toulon, Chantier Normand, Le Havre, Chantier Worms, Le Trait, Chantier Dubigeon, Nantes, Schneider, Chalon-sur-Saone
Verdrängung ↑/↓	893 t / 1170 t
Länge × Breite × Tiefgang	73,50 × 6,50 × 4,20 m
Tauchtiefe	100 m
Besatzungsstärke	44
Dieselmotoren	2 × 1500 PS
Elektro-Fahrmotoren	2 × 700 PS
Geschwindigkeit ↑/↓	15 kn / 9 kn
Fahrbereich ↑/↓	5600 sm bei 10 kn / 80 sm bei 5 kn
Torpedorohre	9 × 55 cm
Torpedos	unbekannt
Artillerie	1 × 10-cm-Geschütz

Das vor einem ehemaligen deutschen U-Bootbunker aufgeschlippt liegende U-Boot »L'Africaine«. (Foto: Bibliothek für Zeitgeschichte)

Das Typschiff »L'Aurore« nahm 1940 noch die Seeerprobungen auf, kam aber im Krieg nicht mehr zum Einsatz. Im November 1942 erfolgte die Selbstversenkung in Toulon. Die unfertige »La Créole« wurde 1940 nach Großbritannien geschleppt und nach Kriegsende in Frankreich fertiggestellt. Sie blieb bis 1961 im Dienst der französischen Marine. Der Bau der »L'Artémis« und »Le'Astrée« wurde eingestellt und dann nach 1945 fortgesetzt. Die beiden U-Boote blieben bis 1967 und 1965 im Dienst. Nach der Niederlage von Frankreich übernahm die deutsche Kriegsmarine die unfertigen U-Boote »L'Africaine«, »La Favorite« und »L'Androméde« als »UF 1«, »UF 2« und »UF 3«. Von deutscher Seite fertiggebaut wurde jedoch nur »UF 2«. Am 5. November 1942 in Dienst gestellt, fand es Verwendung als Schulboot. »UF 2« wurde am 5. Juli 1944 in Gotenhafen außer Dienst gestellt und Anfang 1945 selbst versenkt. »UF 1« und »UF 3« blieben unvollendet und wurden nach 1945 durch die französische Marine zu Ende gebaut. Mit ihren ursprünglichen Namen stellten sie in Dienst. Erst 1963 und 1965 holten die beiden U-Boote Flagge und Wimpel nieder.

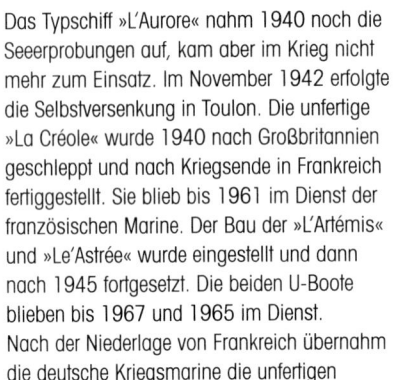

U-Boot »L'Astrée«. (Foto: Deutscher Marinebund)

Das U-Boot »La Créole« im Trockendock. (Foto: Bibliothek für Zeitgeschichte)

»O«-Klasse

Die U-Boote der »O«-Klasse waren die erste englische Neuentwicklung in den 1920er Jahren. Sie basierten auf der »L«-Klasse des Ersten Weltkriegs und sollten in Fernost zum Einsatz kommen. Die neun Einheiten wurden von 1924 bis 1929 in drei Versionen auf drei Werften gebaut. Neben dem Typschiff »Oberon« gab es die Gruppe 1 mit »Otway« und »Oxley« sowie die Gruppe 2 mit den übrigen sechs U-Booten. Die einzelnen Bauvarianten hatten unterschiedliche Verdrängungen und Abmessungen. Die beiden Einheiten der Gruppe 1 waren ursprünglich für die

Ein U-Boot der »O«-Klasse. (Foto: Archiv Autor)

U-Boot »Otway«. (Foto: Archiv Autor)

Royal Australien Navy vorgesehen. Wegen dortiger Haushaltskürzungen wurden sie jedoch 1931 der Royal Navy übergeben.

Die U-Boote der »O«-Klasse waren Einhüllenboote mit Satteltanks für die Kraftstoffmitnahme. Nachteilig hieran war die Tatsache, dass ab und zu durch Leckkraftstoff an der Wasseroberfläche eine verräterische Ölspur hinterlassen wurde. Die U-Boote konnten eine Tauchtiefe von 155 m erreichen. Der Antrieb erfolgte über Wasser durch zwei Dieselmotoren, die – je nach Gruppe unterschiedlich – eine Leistung von 1475 PS, 1500 PS oder 2200 PS hatten. Bei den Elektro-Fahrmotoren waren Leistungen von jeweils 675 PS bzw. 660 PS vorhanden. Die U-Boote erreichten eine ↑/↓-Überwassergeschwindigkeit von 15 kn / 17,5 kn. Bei Tauchfahrt war einheitlich eine Geschwindigkeit von 9 kn vorhanden. Die Reichweite der Boote betrug rund 5000 sm.

Die »O«-Klasse war mit acht 53,3-cm-Torpedorohren ausgerüstet. Davon waren sechs am Bug und zwei am Heck eingebaut. An Stelle der Torpedos konnten bei den Booten der zweiten Gruppe 18 Minen mitgeführt und über die Torpedorohre gelegt werden. Die »Oberon« war zudem das erste englische U-Boot, das von Anfang an mit ASDIC ausgerüstet war. Diese Abkürzung steht für Anti Submarine Detection Investigation Committee und wird in der Regel auch für das von dieser Organisation entwickelte Ortungssystem gegen getaucht fahrende U-Boote verwendet. Die Artilleriebewaff-

Klassenname	O
Einzelboote	A: Oberon, Odin, B: Otway, Oxley, Osiris, Oswald, Otus, C: Olympus, Orpheus
Bauwerften	A: Marinewerft, Chatham, B: Vickers-Armstrongs, Barrow-in-Furness, C: Beardmore, Glasgow
Verdrängung ↑/↓	1490 t / 1892 t – 1636 t / 1870 t – 1784 t / 2038 t
Länge	83,40 m – 84,50 m – 86,00 m
Breite	8,50 m – 8,30 m – 9,10 m
Tiefgang	4,60 m – 4,60 m – 4,80 m
Tauchtiefe	155 m
Besatzungsstärke	56
Dieselmotoren	2 × 1475 PS – 1500 PS – 2200 PS
Elektro-Fahrmotoren	2 × 675 PS – 675 PS – 660 PS
Geschwindigkeit ↑/↓	15 kn – 15 kn – 17,5 kn / 9 kn
Fahrbereich ↑/↓	5000 sm bei 9,5 kn / 60 sm bei 4 kn (Oberon), 4560 sm bei 10 kn / 60 sm bei 4 kn (Gruppe 1), 5180 sm bei 11 kn / 50 sm bei 4 kn (Gruppe 2)
Torpedorohre	8 × 53,3 cm
Torpedos	16 (Oberon), 14 (Gruppe 1+2)
Artillerie	1 × 10,2-cm-Geschütz
Minen	18 (nur Gruppe 2 an Stelle von Torpedos)
Ausrüstung	ASDIC

U-Boot »Odin«. (Foto: Bibliothek für Zeitgeschichte)

nung bestand aus einem 10,2-cm-Geschütz, das erhöht vor dem Turm eingerüstet war.

Bei Kriegsbeginn waren die Einheiten der »O«-Klasse zunächst in der Nordsee (1), im Atlantik (1), im Mittelmeer (3) und in Fernost (4) stationiert. Das U-Boot »Oxley« wurde im September 1939 irrtümlich durch das eigene U-Boot »Triton« versenkt und war damit der erste englische U-Bootverlust im Zweiten Weltkrieg. »Odin«, »Orpheus« und »Oswald« gingen 1940 bei Kampfhandlungen im Mittelmeer verloren und »Olympus« lief 1942 vor Malta auf eine Mine. Die vier übrigen Einheiten überlebten den Krieg und wurden danach verschrottet.

U-Boot »Osiris«. (Foto: Bibliothek für Zeitgeschichte)

U-Boot »Oberon«. (Foto: Bibliothek für Zeitgeschichte)

»P«-Klasse

Schon während der Bauzeit der Gruppe 2 der »O«-Klasse begann die Fertigung einer Folgeklasse. Dies als »P«-Klasse bezeichneten sechs Einheiten waren ebenfalls für den Einsatz in Fernost gedacht und wurden ab 1928 auf der Marinewerft in Chatham, bei Vickers-Armstrongs in Barrow-in-Furness und bei Cammell Laird in Birkenhead gebaut. Die Einheiten stellten bis 1931 in Dienst.

Schiffbaulich und technisch unterschieden sie sich kaum von den unmittelbaren Vorgängern. Verdrängung und Abmessungen variierten geringfügig. Sie hatten allerdings einige Verbesserungen und eine veränderte Bugform sowie mit 7050 sm auch eine größere Reichweite. Die »Pandora« und »Parthian« wurden 1941 / 1942 zur Verwendung als Transport-U-Boote für die Versorgung von Malta umgebaut. Hierzu wurde eine Batteriegruppe entfernt und einige Tauchzellen für die Aufnahme von Benzin umgerüstet. Zusätzlich verzichtete man auf die Mitnahme von Reservetorpedos.

Die Bewaffnung war identisch mit der der Gruppe 2 der »O«-Klasse. Das 10,2-cm-Geschütz erhielt auf der »P«-Klasse ein Schutzschild.

Die »Poseidon« ging im Juni 1931 durch eine Kollision mit einem Handelsschiff verloren. Alle

Klassenname	P
Einzelboote	A: Parthian, B: Perseus, Poseidon, Proteus, Pandora ex Python, C: Phoenix
Bauwerften	A: Marinewerft, Chatham, B: Vickers-Armstrongs, Barrow-in-Furness, C: Cammell Laird, Birkenhead
Verdrängung ↑/↓	1775 t / 2040 t
Länge × Breite × Tiefgang	88,80 × 9,10 × 4,20 m
Tauchtiefe	155 m
Besatzungsstärke	56
Dieselmotoren	2 × 2200 PS
Elektro-Fahrmotoren	2 × 660 PS
Geschwindigkeit ↑/↓	17,5 kn / 9 kn
Fahrbereich ↑/↓	7050 sm bei 9 kn / 62 sm bei 4 kn
Torpedorohre	8 × 53,3 cm
Torpedos	14
Artillerie	1 × 10,2-cm-Geschütz
Minen	18 (an Stelle von Torpedos)

U-Boot »Poseidon«. (Foto: Bibliothek für Zeitgeschichte)

fünf verbliebenen Einheiten der »P«-Klasse verlegten bei Kriegsbeginn aus Fernost in das Mittelmeer und kamen dort zum Einsatz. Dabei gingen zwischen 1940 und 1942 drei U-Boote bei Kampfhandlungen verloren. Die »Parthian« lief im August 1943 auf eine Mine. Das den Krieg überlebende U-Boot »Proteus« wurde 1946 abgewrackt.

U-Boot »Perseus«.
(Foto: Bibliothek
für Zeitgeschichte)

»R«-Klasse

Unmittelbar an die »P«-Klasse schloss sich die nahezu baugleiche »R«-Klasse an. Auch diese vier U-Boote waren für den Einsatz in Fernost bestimmt. Sie entstanden ab 1929 auf der Marinewerft in Chatham und bei Vickers-Armstrongs in Barrow-in-Furness. Sie stellten bis 1931 in Dienst. Ein geplantes fünftes und sechstes U-Boot waren noch vergeben worden, wurden dann aber wieder storniert.

Die technische und schiffbauliche Auslegung waren unverändert mit geringfügigen Verbesserungen von der »P«-Klasse übernommen worden. Verdrängung und Abmessungen wiesen leichte Unterschiede auf. Die Bewaffnung war identisch mit derjenigen der »P«-Klasse.

Wie die U-Boote der »P«-Klasse wurden auch die vier Einheiten der »R«-Klasse bei Kriegsbeginn aus Fernost abgezogen und kamen im Mittelmeer zum Einsatz. »Rainbow« ging 1940 bei Kampfhandlungen verloren. Im gleichen Jahr geriet »Regulus« aus unbekanntem Grund in Verlust. Durch eine Mine sank 1943 »Regent«. Das U-Boot »Rover« überstand als einzige Einheit der »R«-Klasse den Krieg und wurde 1946 abgewrackt.

Klassenname	R
Einzelboote	A: Rainbow, B: Regent, Regulus, Rover
Bauwerften	A: Marinewerft, Chatham, B: Vickers-Armstrongs, Barrow-in-Furness
Verdrängung ↑/↓	1772 t / 2030 t
Länge × Breite × Tiefgang	87,50 × 9,10 × 4,20 m
Tauchtiefe	155 m
Besatzungsstärke	56
Dieselmotoren	2 × 2200 PS
Elektro-Fahrmotoren	2 × 660 PS
Geschwindigkeit ↑/↓	17,5 kn / 9 kn
Fahrbereich ↑/↓	7050 sm bei 9 kn / 70 sm bei 4 kn
Torpedorohre	8 × 53,3 cm
Torpedos	14
Artillerie	1 × 10,2-cm-Geschütz
Minen	18 (an Stelle von Torpedos)

Das U-Boot »Rover« überstand als einzige Einheit der »R«-Klasse den Zweiten Weltkrieg. (Foto: Bibliothek für Zeitgeschichte)

U-Boot »Rainbow«. (Foto: Bibliothek für Zeitgeschichte)

»S«-Klasse

Unmittelbar an die Baureihen der »O«-, »P«- und »R«-Klassen schloss sich der Bau der »S«-Klasse an. In den Zeitintervallen von 1930 bis 1933, 1933 bis 1936 und 1940 bis 1945 entstanden auf vier Bauwerften in drei Gruppen die insgesamt 62 U-Boote der »S«-Klasse. Aus Platzgründen muss auf eine namentliche Aufzählung der U-Boote wie auch ihrer Bauwerften verzichtet werden.

Gegenüber den genannten Vorgängerbooten waren sie wesentlich kleiner und für den Einsatz in den heimischen Gewässern, in der Nordsee und im Mittelmeer gedacht. Die Boote der beiden ersten Gruppen ersetzten die noch aus dem Ersten Weltkrieg stammende »H«-Klasse. Der gelungene Entwurf fand dann seine Fortsetzung im Zweiten Weltkrieg, um den Bedarf der Royal Navy an mittelgroßen U-Booten zu decken. Die

U-Boot »Saracen«. (Foto: Royal Navy)

»S«-Klasse war die zahlenmäßig größte englische U-Bootklasse.

Die »S«-Klasse waren Einhüllenboote mit Satteltanks für das Ballastwasser. Die Kraftstoffbunker waren, im Gegensatz zur »O«-, »P«- und »R«-Klasse, im Druckkörper eingebaut. Die Tauchtiefe der U-Boote war für 95 m (Gruppe 1 und 2) bzw. 110 m (Gruppe 3) ausgelegt. In ihrer Verdrängung und ihren Abmessungen variierten die verschiedenen Gruppen leicht. Ebenso in der Besatzungsstärke. Der Antrieb erfolgte in der Überwasserfahrt durch zwei Dieselmotoren und

bei Tauchfahrt durch zwei Elektro-Fahrmotoren. Während die Elektro-Fahrmotoren mit je 650 PS auf allen Booten gleich stark ausgelegt waren, unterschieden sich die Dieselmotoren in ihrer Motorenleistung. Bei der Gruppe 1 und 2 betrug

Klassenname	S
Einzelboote	Gruppe 1: 4, Gruppe 2: 8, Gruppe 3: 50
Bauwerften	Marinewerft, Chatam, Cammelll Laird, Birkenhead, Scotts, Greenock, Vickers-Armstrongs, Barrow-in-Furness
Verdrängung ↑/↓	Gruppe 1: 737 t / 927 t, Gruppe 2: 768 t / 960 t, Gruppe 3: 814 t / 990 t
Länge × Breite × Tiefgang	Gruppe 1: 61,70 × 7,30 × 3,20 m, Gruppe 2: 63,60 × 7,30 × 3,20 m, Gruppe 3: 66,10 × 7,20 × 3,40 m
Tauchtiefe	95 m – 95 m – 110 m
Besatzungsstärke	36 – 39 – 48
Dieselmotoren	Gruppe 1: 2 × 775 PS, Gruppe 2: 2 × 775 PS, Gruppe 3: 2 × 950 PS
Elektro-Fahrmotoren	2 × 650 PS
Geschwindigkeit ↑/↓	Gruppe 1: 13,8 kn / 10 kn, Gruppe 2: 13,8 kn / 10 kn, Gruppe 3: 15 kn / 10 kn
Fahrbereich ↑/↓	Gruppe 1: 3800 sm bei 10 kn / 64 sm bei 2 kn, Gruppe 2: 6000 sm bei 10 kn / 64 sm bei 2 kn, Gruppe 3: 6000 sm bei 10 kn / 120 sm bei 3 kn
Torpedorohre	6 × 53,3 cm, 7 × 53,3 cm (Gruppe 3)
Torpedos	12, 13 (Gruppe 3)
Artillerie	1 × 7,6-cm-Geschütz, 1 × 10,2-cm-Geschütz (teilweise), 1 × 2-cm-Geschütz (teilweise)
Minen	12 (an Stelle von Torpedos)
Ausrüstung	ASDIC, Radar (teilweise)

diese 775 PS und bei der Gruppe 3 waren 950 PS vorhanden. Entsprechend unterschiedlich waren ↑/↓-Geschwindigkeit mit 13,8 kn / 10 kn bzw. 15 kn / 10 kn. Für die Gruppe 1 wird eine Reichweite von 3800 sm angegeben. Die Gruppen 2 und 3 hatten 6000 sm Fahrtstrecke.

Die Bewaffnung der »S«-Klasse war mit sechs 53,3-cm-Bugtorpedorohren einheitlich ausgelegt. Einige U-Boote der Gruppe 3 erhielten noch ein zusätzliches Hecktorpedorohr, das außerhalb des Druckkörpers angebracht war.

Die Artilleriebewaffnung bestand aus einem vor dem Turm an Oberdeck aufgestellten 7,6-cm-Geschütz. Allerdings gab es auch Boote mit einer erhöhten Aufstellung auf einem Vorbau am Turm. Ebenso kam auf einigen Einheiten der Gruppe 3 ein 10,2-cm-Geschütz zum Einbau. Aus Gewichtsgründen musste dann das Hecktorpedorohr entfernt werden. Des Weiteren war ein zusätzliches 2-cm-Geschütz auf verschiedenen Booten vorhanden.

Die U-Boote der »S«-Klasse kamen während des Zweiten Weltkrieges in den heimischen Gewässern, in der Nordsee und im Mittelmeer zum Einsatz. Boote aus der Gruppe 3 fanden nach Einbau von Zusatzbunkern zur Mitnahme

U-Boot »Seahorse«. (Foto: Royal Navy)

U-Boot »Starfish«. (Foto: Royal Navy)

U-Boot »Starfish«. (Foto: Bibliothek für Zeitgeschichte)

U-Boot »Stonehenge«. (Foto: Stewart Bale)

U-Boot »Syrtis«. (Foto: Royal Navy)

einer größeren Kraftstoffmenge zudem im Fernen Osten Verwendung. Die U-Boote der »S«-Klasse waren recht erfolgreich. In der Nordsee gingen zum Beispiel die Torpedierungen der Leichten Kreuzer »Leipzig« und »Nürnberg« sowie die des Schweren Kreuzers »Lützow« (ex Panzerschiff »Deutschland«) auf ihr Konto. Fünf deutsche und zwei italienische U-Boote wurden von ihnen versenkt. Insgesamt hatten sie aber auch selbst hohe Verluste zu verzeichnen. Neun U-Boote der »S«-Klasse gingen in der Nordsee und im Atlantik, sechs im Mittelmeer und je eines im Pazifischen und Indischen Ozean verloren. Je ein Boot wurde 1943 an die niederländische und sowjetische Marine abgegeben.

Nach Kriegsende wurde eine große Zahl der U-Boote in die Reserveflotte überstellt. Viele wurden aber auch verschrottet oder an andere Marinen abgegeben bzw. verkauft. Bei einigen gab es zeitweise noch eine Verwendung als Schul- und Übungsboote. Das letzte aktive U-Boot der »S«-Klasse verließ die Royal Navy im Juni 1962, das war 30 Jahre nach der Indienststellung des ersten Bootes.

Das U-Boot »Saracen« mit einer über dem »White Ensign« gesetzten Totenkopfflagge, der Piratenflagge »Jolly Roger«. (Foto: Bibliothek für Zeitgeschichte)

U-Boot »Swordfish«. (Foto: Bibliothek für Zeitgeschichte)

»Porpoise«-Klasse

Die sechs U-Boote der »Porpoise«-Klasse sind von 1931 bis 1939 auf den Werften Vickers-Armstrongs in Barrow-in-Furness, bei der Marinewerft in Chatham und bei Scotts in Greenock entstanden. Sie waren als Minenleger konzipiert. Erfahrungen, die mit einem Versuchsminenleger aus einem umgebauten U-Kreuzer der aus dem Ersten Weltkrieg stammenden »M«-Klasse gemacht wurden, flossen in die Entwicklung dieser Einheiten mit ein. Im Jahre 1940 sollten nochmals drei weitere U-Boote gebaut werden, was allerdings nicht mehr zur Ausführung kam. Die U-Boote der »Porpoise«-Klasse waren als Zweihüllenboote ausgelegt und hatten eine Tauchtiefe von 95 m. Ihr Antrieb erfolgte durch zwei Dieselmotoren respektive für die Tauchfahrt durch zwei Elektro-Fahrmotoren. Die beiden Motorentypen wiesen eine Leistung von 1650 PS bzw. 815 PS auf. Die U-Boote erreichten damit eine ↑/↓-Geschwindigkeit von 15,7 kn / 8,7 kn. Ihre Reichweite lag bei 5880 sm.

Die »Porpoise«-Klasse besaß, obwohl schiffbaulich als Minen-U-Boot ausgelegt, dennoch mit sechs 53,3-cm-Torpedorohren eine recht starke Torpedobewaffnung sowie ein 10,2-cm-Geschütz als Artilleriebewaffnung.

Das eingebaute Minenlegesystem ähnelte in seiner Funktionsweise den auf Überwasserschiffen üblichen Wurfeinrichtungen. Die Minen befanden sich nicht in senkrechten Schächten, sondern waren beidseitig auf Ablaufschienen zwischen dem Druckkörper und der Außenverkleidung, die folglich recht hoch ausgelegt sein musste, gelagert. Mit einer Winde und einem Kettenmechanismus wurde die jeweilige Minenreihe beim Werfen nach achtern gezogen, wo dann die Endminen Stück für Stück durch eine Luke ausgestoßen werden konnten. Zur Verwendung kamen die damaligen englischen Standard-Ankertauminen. Spätere Minenentwicklungen ließen sich über die Torpedorohre verlegen und kamen auf den anderen U-Bootklassen

Klassenname	Porpoise
Einzelboote	A: Porpoise, Narwhal, Rorqual, B: Grampus, Seal, C: Cachalot
Bauwerften	A: Vickers-Armstrongs, Barrow-in-Furness, B: Marinewerft, Chatham, C: Scotts, Greenock
Verdrängung ↑/↓	1810 t / 2157 t
Länge × Breite × Tiefgang	89,10 × 7,70 × 51,10 m
Tauchtiefe	95 m
Besatzungsstärke	59
Dieselmotoren	2 × 1650 PS
Elektro-Fahrmotoren	2 × 815 PS
Geschwindigkeit ↑/↓	15,7 kn / 8,7 kn
Fahrbereich ↑/↓	5880 sm bei 9 kn / 64 sm bei 4 kn
Torpedorohre	6 × 53,3 cm
Torpedos	12
Artillerie	1 × 10,2-cm-Geschütz
Minen	50

zum Einsatz. Sie waren der Grund, weshalb der geplante Bau dreier weiterer U-Boote der »Porpoise«-Klasse nicht verwirklicht wurde. Im Krieg wurden jedoch die eigentlichen Angriffs-U-Boote selten zum Minenlegen genutzt. Diese Aufgabe übernahmen fast ausschließlich die U-Boote der »Porpoise«-Klasse. Rund 2600 Minen (nach anderer Quelle mehr als 3000) wurden durch sie verlegt. Einsatzgebiete waren hauptsächlich die Nordsee und das Mittelmeer sowie später auch der Pazifik.

Als erste Einheit ging die »Seal« verloren. Beim Legen einer Minensperre im Kattegat wurde das U-Boot im Mai 1940 gekapert, nachdem es durch die Explosion einer eigenen Mine beschädigt worden war. Bei der Kriegsmarine kam die »Seal« unter dem Namen »U B« kurzzeitig als

Das Typschiff »Porpoise«. Auf der Abbildung ist die große achtere Heckklappe der Minenwurfeinrichtung gut zu erkennen. (Foto: Bibliothek für Zeitgeschichte)

U-Boot »Narwhal«. (Foto: Whalebone / CC-BY-SA 2.0)

Das U-Boot »Rorqual« überlebte als einziges Boot der »Porpoise«-Klasse den Zweiten Weltkrieg. (Foto: Royal Navy)

Schul- und Versuchsboot in Verwendung. Im Mai 1945 wurde das zwischenzeitlich ausgeschlachtete U-Boot selbst versenkt.

Im Jahre 1940 ging »Narwhal« in der Nordsee und im Mittelmeer »Grampus« sowie 1942 die »Cachalot« verloren. Ab 1944 wurden »Porpoise« und »Rorqual« im Fernen Osten eingesetzt, wobei »Porpoise« im Januar 1945 durch Japanische Flugzeuge versenkt wurde. Es war der 77. und letzte U-Bootsverlust der Royal Navy im Zweiten Weltkrieg. Die den Krieg überlebende »Rorqual« wurde 1946 abgewrackt.

Die große Heckklappe auf dem U-Boot «Seal» verschloss die Minenwurfeinrichtung. (Foto: Royal Navy)

U-Boot »Seal«. (Foto: Bibliothek für Zeitgeschichte)

Als »U B« stellte die
deutsche Kriegs-
marine das gekaper-
te englische U-Boot
»Seal« kurzzeitig
als Schul- und Ver-
suchsboot in Dienst.
(Foto: Deutscher
Marinebund)

»River«-Klasse

In den Jahren 1931 bis 1935 entstanden für die Royal Navy bei Vickers-Armstrongs in Barrow-in-Furness eine vollkommen neu entwickelte U-Boot-klasse von drei Einheiten. Sie wird als »River«-Klasse – zuweilen auch nach dem Typschiff als »Thames«-Klasse – bezeichnet. Die Einheiten sollten als sogenannte Flotten-U-Boote verwendet werden und in der Lage sein, mit den Schlacht-schiffen zu operieren.

Die »River«-Klasse war als Zweihüllenboot ausge-legt und hatte eine Tauchtiefe von 95 m. Für den speziellen Verwendungszweck war eine hohe Geschwindigkeit notwendig. Zwei extra entwickelte Hochleistungsdieselmotoren von je 5000 PS verlie-hen der »River«-Klasse eine Überwassergeschwin-digkeit von 22 kn. Sie war damals weltweit der schnellste U-Boottyp. Für die Tauchfahrt waren zwei Elektro-Fahrmotoren mit jeweils 1250 PS vorhan-den, die wiederum den großen U-Booten eine Unterwassergeschwindigkeit von 10 kn ermöglich-ten. Die Reichweite der U-Boote betrug 6260 sm.

Klassenname	River
Einzelboote	Thames, Severn, Clyde
Bauwerft	Vickers-Armstrongs, Barrow-in-Furness
Verdrängung ↑/↓	2165 t / 2680 t
Länge × Breite × Tiefgang	105,10 × 8,60 × 4,80 m
Tauchtiefe	95 m
Besatzungsstärke	61
Dieselmotoren	2 × 5000 PS
Elektro-Fahrmotoren	2 × 1250 PS
Geschwindigkeit ↑/↓	22 kn / 10 kn
Fahrbereich ↑/↓	6260 sm bei 12 kn / 115 sm bei 4 kn
Torpedorohre	6 × 53,3 cm
Torpedos	14
Artillerie	1 × 10,2-cm-Geschütz
Minen	12 (an Stelle von Torpedos)

Das U-Boot »Thames« ging 1940 durch einen Minentreffer vor Norwegen verloren.
(Foto: Bibliothek für Zeitgeschichte)

![Photo of submarine Clyde]

Der »Clyde« gelang am 20. Juni 1940 vor Trondheim ein Torpedotreffer auf das deutsche Schlachtschiff »Gneisenau«, der für das Schlachtschiff einen mehrmonatigen Werftaufenthalt zur Folge hatte. (Foto: Bibliothek für Zeitgeschichte)

Die Bewaffnung der »River«-Klasse bestand aus sechs 53,3-cm-Torpedorohren und einem 10,2-cm-Geschütz. An Stelle von Torpedos konnten auch Minen mitgenommen werden.

Bei Kriegsausbruch befand sich die »Thames« in heimischen Gewässern. »Severn« und »Clyde« waren auf dem Verlegungsmarsch nach Freetown und wurden unverzüglich zurückgeholt. Die drei U-Boote operierten zunächst in der Nordsee und in norwegischen Gewässern. Dabei ging 1940 die »Thames« durch einen Minentreffer verloren. Der »Clyde« gelang am 20. Juni 1940 ein Torpedotreffer auf das deutsche Schlachtschiff »Gneisenau«, der erhebliche Schäden am Bug des Schlachtschiffes zur Folge hatte. »Clyde« und »Severn« verlegten 1941 in das Mittelmeer und operierten von Gibraltar aus. Nachdem Italien als Kriegsgegner ausgeschieden war, kamen sie ab 1944 im Fernen Osten zum Einsatz. Beide Einheiten überstanden den Krieg und wurden 1946 verschrottet.

»T«-Klasse

Die U-Boote der »T«-Klasse wurden Anfang der 1930er Jahre geplant, mit dem Ziel die Einheiten der »O«-, »P«- und »R«-Klassen zu ersetzen, da die Royal Navy mit diesen Entwürfen nicht besonders zufrieden war. Um unter der Tonnagegrenze des Londoner Flottenvertrages zu bleiben und dennoch eine große Zahl an U-Booten bauen zu können, reduzierte man die Größe. In der Zeit von 1936 bis 1945 entstanden auf sechs Werften in zwei Gruppen insgesamt 55 U-Boote. Sieben weitere Boote wurden noch geordert, zum Teil auch auf Kiel gelegt, aber nach Kriegsende storniert. Aus Platzgründen wird auf eine namentliche Aufzählung der U-Boote wie auch der Bauwerften verzichtet. Die »T«-Klasse war als Einhüllenboot mit Satteltanks konstruiert. Die Kraftstoffbunker waren innerhalb des Druckkörpers. Die Tauchtiefe betrug 95 m. Die Boote hatten genietete Bootskörper, wobei bei der Gruppe 2 auch geschweißte Ausführungen vorhanden waren. Der Antrieb erfolgte durch zwei Dieselmotoren mit jeweils 1250 PS bei Überwasserfahrt und durch zwei Elektro-Fahrmotoren von je 725 PS bei Tauchfahrt. Die U-Boote erreichten ↑/↓-Geschwindigkeit von 15 kn / 9 kn. Die Fahrstrecke war innerhalb der Gruppen unterschiedlich und reichte von 8000 sm bis 11.000 sm.

Die Torpedobewaffnung der »T«-Klasse war recht stark und in ihrer Anordnung auch außergewöhnlich ausgelegt. Die Gruppe 1 besaß insgesamt zehn 53,3-cm-Torpedorohre. Davon befanden sich sechs Bugtorpedorohre innerhalb des Druck-

Das U-Boot »Thetis« lief am 29. Juni 1938 bei Cammell Laird in Birkenhead vom Stapel. (Foto: Bibliothek für Zeitgeschichte)

U-Boot »Taku«. (Foto: Bibliothek für Zeitgeschichte)

körpers und waren somit auf See nachladbar. In einer großen Ausbuchtung waren außerhalb des Druckkörpers an der Bugspitze nochmals zwei Torpedorohre vorhanden. In der Verkleidung befanden sich unterhalb des Turms die beiden restlichen Torpedorohre. Bei der Gruppe 2 kam noch ein elftes Torpedorohr außerhalb des Druckkörpers am Heck zum Einbau.

Die Artilleriebewaffnung bestand bei allen Einheiten aus einem 10,2-cm-Geschütz, das vor dem Turm erhöht eingebaut war. Die Gruppe 2 wurde zusätzlich mit einem 2-cm-Geschütz ausgerüstet. Es befand sich auf einer Plattform im hinteren Turmbereich.

Teilweise wurden auch U-Boote der Gruppe 1 mit dem außen gelegenen Hecktorpedorohr und dem 2-cm-Geschütz nachgerüstet. Außerdem konnte diese Bauvariante an Stelle von Torpedos Minen mitnehmen.

Das U-Boot »Thelis« hatte einen tragischen Start in sein Schiffsleben. Bei der ersten Erprobungsfahrt sank es am 1. Juli 1939 mit der gesamten Besatzung und dem eingeschifften Erprobungspersonal auf flachem Wasser. Drei Monate später konnte das U-Boot gehoben und wieder instand gesetzt werden. Als »Thunderboldt« wieder in Dienst gestellt, wird das Boot am 14. März 1943 im Mittelmeer versenkt. Erneut kommt die gesamte Besatzung ums Leben.

Klassenname	T
Einzelboote	55
Bauwerften	6
Verdrängung ↑/↓	Gruppe 1: 1326 t / 1575 t, Gruppe 2: 1321 t / 1571 t
Länge × Breite × Tiefgang	Gruppe 1: 84,20 × 8,10 × 3,60 m, Gruppe 2: 83,60 × 8,10 × 3,60 m
Tauchtiefe	95 m
Besatzungsstärke	Gruppe 1: 56, Gruppe 2: 61
Dieselmotoren	2 × 1250 PS
Elektro-Fahrmotoren	2 × 725 PS
Geschwindigkeit ↑/↓	15 kn / 9 kn
Fahrbereich ↑/↓	Gruppe 1: 8000 sm bei 10 kn / 80 sm bei 4 kn, Gruppe 2: 8000 sm bei 10 kn / 80 sm bei 4 kn, Gruppe 2: 11.000 sm bei 10 kn / 80 sm bei 4 kn (teilweise)
Torpedorohre	Gruppe 1: 10 × 53,3 cm, Gruppe 2: 11 × 53,3 cm
Torpedos	Gruppe 1: 16, Gruppe 2: 17
Artillerie	1 × 1 × 10,2-cm-Geschütz, 1 × 2-cm-Geschütz (bei Gruppe 1 nur teilweise)
Minen	18 (Gruppe 1, an Stelle von Torpedos)

Die U-Boote der »T«-Klasse operierten im Zweiten Weltkrieg auf allen Kriegsschauplätzen, wo die Royal Navy in Kämpfe verwickelt war. Sie waren überaus erfolgreich, mussten aber auch Verluste von 15 Booten hinnehmen, davon alleine 13 im Mittelmeer. Vier U-Boote der »T«-Klasse überließ die Royal Navy der niederländischen Marine, wo sie als »Zwaardvisch«-Klasse in Dienst gestellt wurden. Nach Kriegsende wurde eine große Anzahl der U-Boote in den Reservestatus überführt. Einige blieben im Dienst und durchliefen eine Modernisierungsphase. Das letzte U-Boot der »T«-Klasse stellte im August 1969 bei der Royal Navy außer Dienst. Bei der israelischen Marine war ein nach dort abgegebenes U-Boot bis 1977 im Dienst.

Blick vom Turm auf das Vorschiff des aufgetaucht fahrenden U-Bootes »Tribune«. (Foto: Royal Navy)

U-Boot »Thorn«. (Foto: Bale)

![U-Boot Tudor]

U-Boot »Tudor«. (Foto: Royal Navy)

»U«-Klasse

Im Jahr 1936 entschied sich die Royal Navy, mit der »U«-Klasse kleine unbewaffnete Übungs-U-Boote für die Ausbildung in der U-Jagd zu bauen. Im Februar 1937 fanden schon die ersten drei Kiellegungen statt. Kurz danach kam es jedoch zu einer Umorientierung. Der Entwurf wurde modifiziert und der Einbau einer Bewaffnung vorgesehen. Bis 1944 entstanden insgesamt 49 Einheiten, die auf der Marinewerft in Chatham und bei Vickers-Armstrongs in Barrow-in-Furness gebaut wurden. Sieben weitere U-Boote waren in der weiteren Planung noch vorgesehen, wurden aber mit Kriegsende aufgegeben.

Die U-Boote der »U«-Klasse waren eine Einhüllenkonstruktion mit einer Tauchtiefe von 60 m. Der Antrieb erfolgte über Wasser diesel-elektrisch. Zwei Dieselmotoren waren direkt mit zwei Generatoren verbunden, die den beiden fest auf den Wellen aufgeschalteten Elektro-Fahrmotoren die elektrische Energie lieferten. Bei Tauchfahrt erhielten diese ihren Strombedarf, wie auf U-Booten üblich, aus einer Batterieanlage, welche wiederum bei Überwasserfahrt geladen werden musste. Die Leistung der Dieselmotoren betrug jeweils 308 PS und die der Elektro-Fahrmotoren jeweils 413 PS. Die Reichweite der U-Boote wird mit rund 4000 sm angegeben. Die Einheiten der »U«-Klasse waren ursprünglich mit sechs Bugtorpedorohren des Kalibers 53,3 cm

ausgerüstet. Davon befanden sich zwei Rohre außerhalb des Druckkörpers in einer großen Ausbuchtung, ähnlich wie es auf den U-Booten der »T«-Klasse der Fall war. Allerdings ging man schon bald dazu über, auf die beiden außen gelegenen Rohre zu verzichten, denn die von ihnen auf Sehrohrtiefe aufgeworfene Bugwelle

Klassenname	U
Einzelboote	49
Bauwerften	Vickers-Armstrongs, Barrow-in-Furness, Marinewerft, Chatham
Verdrängung ↑/↓	Gruppe 1: 630 t / 730 t, Gruppe 2: 648 t / 735 t
Länge × Breite × Tiefgang	Gruppe 1: 58,10 × 4,80 × 4,80 m, Gruppe 2: 59,60 × 4,80 × 4,90 m
Tauchtiefe	60 m
Besatzungsstärke	33
Dieselmotoren	2 × 308 PS
Elektro-Fahrmotoren	2 × 413 PS
Geschwindigkeit ↑/↓	11,5 kn / 9 kn
Fahrbereich ↑/↓	4050 sm bei 10 kn / 120 sm bei 2 kn
Torpedorohre	4 (6) × 53,3 cm
Torpedos	8 (10)
Artillerie	1 × 7,6-cm-Geschütz

U-Boot »Ullswater«. (Foto: Royal Navy)

U-Boot »Ultimatum«. (Foto: Royal Navy)

beeinträchtigte die Nutzung des Sehrohrs. Das begrenzte Angriffspotenzial dieser Boote glich die große Anzahl der gebauten Einheiten wieder aus. An Artillerie stand vor dem Turm ein 7,6-cm-Geschütz.

Im September 1939 waren lediglich drei U-Boote bereits in Dienst gestellt. Sie wurden in den heimischen Gewässern und in der Nordsee eingesetzt. Nach dem Zulauf weiterer Boote kam die »U«-Klasse auch im Mittelmeer zum Einsatz. Insgesamt war die Klasse erfolgreich, musste aber auch Verluste in Höhe von 19 U-Booten in Kauf nehmen. Davon gingen alleine 13 im Mittelmeer verloren. Im Laufe des Krieges wurden auch Einheiten der »U«-Klasse an Polen, Norwegen, die Niederlande, die UdSSR und an die freifranzösische Marine abgegeben. Davon gingen einige im Krieg verloren. Die übrig gebliebenen kamen nach Kriegsende wieder zur Royal Navy zurück.

Nach dem Krieg überführte die Royal Navy die meisten der noch vorhandenen Einheiten in die Reserve. Das letzte U-Boot der »U«-Klasse wurde 1950 verschrottet.

U-Boot »Una«. (Foto: Bibliothek für Zeitgeschichte)

Torpedoübernahme auf einem U-Boot der »U«-Klasse. (Foto: Archiv Autor)

»V«-Klasse

Während der Bau der »U«-Klasse in vollem Gange war, entschied sich die Royal Navy 1941, nochmals eine verbesserte und leicht modifizierte Klasse von Küsten-U-Booten zu beschaffen. Die Boote waren geringfügig größer, etwas länger und durch ihre stärkeren Motoren sowohl über wie auch unter Wasser einen Knoten schneller als ihre Vorbilder. Gebaut wurden die Einheiten in den Jahren 1943 bis 1945 bei Vickers-Armstrongs in Barrow-in-Furness. Ursprünglich waren 42 U-Boote geordert worden. Gegen Kriegsende wurden dann allerdings wieder 20 U-Boote annulliert. Die Boote der »V«-Klasse waren die letzten U-Bootneubauten der Royal Navy, die im Zweiten Weltkrieg noch zum Einsatz gekommen sind.

Die Einhüllenboote hatten eine Tauchtiefe von 95 m und konnten somit 35 m tiefer tauchen als die »U«-Klasse. Der Unterschied ergab sich aus der Tatsache, das die »V«-Klasse einen verstärkten Druckkörper besaß. Auch ihre Antriebsanlage war geringfügig stärker ausgelegt. Zwei Dieselmotoren von jeweils 400 PS und zwei Elektro-Fahrmotoren von jeweils 380 PS verliehen den U-Booten eine ↑/↓-Geschwindigkeit von 12,5 kn / 9 kn. Die Reichweite war mit 4700 sm ebenfalls geringfügig größer.

Klassenname	V
Einzelboote	22
Bauwerft	Vickers-Armstrongs, Barrow-in-Furness
Verdrängung ↑/↓	670 t / 740 t
Länge × Breite × Tiefgang	62,00 × 4,80 × 4,80 m
Tauchtiefe	95 m
Besatzungsstärke	37
Dieselmotoren	2 × 400 PS
Elektro-Fahrmotoren	2 × 380 PS
Geschwindigkeit ↑/↓	12,5 kn / 9 kn
Fahrbereich ↑/↓	4700 sm bei 10 kn / 30 sm bei 9 kn
Torpedorohre	4 × 53,3 cm
Torpedos	8
Artillerie	1 × 7,6-cm-Geschütz

Die Bewaffnung blieb gegenüber der »U«-Klasse unverändert und umfasste vier 53,3-cm-Torpedorohre und ein 7,6-cm-Geschütz.
Während des Krieges wurden mehrere Boote den Verbündeten überlassen. Sie gingen an Griechenland (2), Norwegen (1) und an die freifranzösische Marine (3). Alle 22 bis Kriegsende fertig gebauten U-Boote der »V«-Klasse überlebten den Krieg. Keines ging verloren. Das letzte in der Royal Navy im Dienst befindliche U-Boot der »V«-Klasse wurde 1958 verschrottet.

*U-Boot »Voracious«.
(Foto: Green)*

»O 12«-Klasse

Die vier U-Boote der »O 12«-Klasse entstanden von 1930 bis 1932 bei Koninklijke Maatschappij De Schelde in Vlissingen und bei Wilton-Fijenoord in Rotterdam. Ihr Einsatz sollte in den Heimatgewässern erfolgen.

Die U-Boote waren als Zweihüllenboote ausgelegt und hatten eine Tauchtiefe von 85 m. Angetrieben wurden sie durch zwei Dieselmotoren von jeweils 900 PS Leistung. Für die Tauchfahrt standen zwei Elektro-Fahrmotoren von jeweils 300 PS

zur Verfügung. Die U-Boote erreichten damit eine ↑/↓-Geschwindigkeit von 15 kn / 8 kn und kamen auf eine Reichweite von 3500 sm.

An Torpedobewaffnung waren fünf 53,3-cm-Torpedorohre vorhanden. Davon war eines als Hecktorpedorohr eingebaut. Die Artilleriebewaffnung bestand aus zwei 4-cm-Geschützen. Diese waren an den Turmenden versenkbar eingerüstet.

»O 12« wurde als »UD 2« von der deutschen Kriegsmarine übernommen, kam aber nur zu einem Kampfeinsatz. Ansonsten fand es als Schulboot Verwendung. (Foto: Deutscher Marinebund)

Klassenname	O 12
Einzelboote	A: O 12, O 13, O 14, B: O 15
Bauwerften	A: Koninklijke Maatschappij De Schelde, Vlissingen, B: Wilton-Fijenoord, Rotterdam
Verdrängung ↑/↓	546 t / 704 t
Länge × Breite × Tiefgang	60,20 × 5,80 × 34,80 m
Tauchtiefe	85 m
Besatzungsstärke	31
Dieselmotoren	2 × 900 PS
Elektro-Fahrmotoren	2 × 300 PS
Geschwindigkeit ↑/↓	15 kn / 8 kn
Fahrbereich ↑/↓	3500 sm bei 10 kn / 12 sm bei 8 kn
Torpedorohre	5 × 53,3 cm
Torpedos	unbekannt
Artillerie	2 × 4-cm-Geschütz

Im Mai 1940 wurde »O 12« in Den Helder selbst versenkt. Nach seiner Hebung übernahm es die Kriegsmarine als »UD 2«. Als »vom technischen Stand nicht für den Kriegsdienst geeignet« eingestuft, kam das Boot nach einer Atlantik-Unternehmung nicht mehr zu einem weiteren Kriegseinsatz und wurde dann als Schulboot genutzt. Im Mai 1945 erfolgte in Kiel die Selbstversenkung.

»O 13« ging 1940 durch einen Minentreffer verloren. »O 14« konnte bei der deutschen Besetzung nach England verlegen, wurde dort aber verschrottet. Lediglich das ebenfalls nach Großbritannien entkommene »O 15« überlebte den Zweiten Weltkrieg und wurde im September 1945 außer Dienst gestellt.

Die U-Boote »O 12« und »O 14« gemeinsam im Päckchen an der Pier liegend. (Foto: US Navy)

Die U-Boote »O 13« und »O 14« auf einer Reede im Päckchen ankernd. (Foto: Hoefsloot / CC-BY-SA 4.0)

»K XIV«-Klasse

Die »K XIV«-Klasse ist eine vergrößerte Weiterentwicklung der »O 12«-Klasse und war, wie die Namensgebung schon zeigt, für den Einsatz in den Gewässern von Niederländisch-Ostindien bestimmt. Der Bau der fünf U-Boote erfolgte im Zeitraum von 1932 bis 1934 in Rotterdam bei den Werften Rotterdamsche Droogdok Maatschappij und Wilton-Fijenoord.

Die Zweihüllenboote der »K XIV«-Klasse hatten eine Tauchtiefe von 80 m. Auch hier wieder der allgemeine U-Boot-Standardantrieb mit zwei Dieselmotoren und zwei Elektro-Fahrmotoren für Über- und Unterwasserfahrt. Die Motoren hatten eine höhere Leistung als auf der »O 12«-Klasse und damit ergab sich eine ↑/↓-Geschwindigkeit von 17 kn / 9 kn. Die Reichweite der U-Boote blieb unverändert bei 3500 sm.

Die Bewaffnung der »K XIV«-Klasse war mit acht 53,3-cm-Torpedorohren recht stark ausgelegt. Sie waren aufgeteilt in vier Bugrohre, zwei Heckrohre und zwei mittschiffs außen liegende Rohre. Die Artilleriebewaffnung war wie auf der »O 12«-Klasse mit zwei im Turmaufbau versenkbaren 4-cm-Geschützen sowie mit einem weiteren vor dem Turm an Oberdeck aufgestellten 8,8-cm-Geschütz ebenfalls recht beeindruckend eingerüstet.

Drei U-Boote der »K XIV«-Klasse gingen im Zweiten Weltkrieg verloren. »K XVI« wurde im Dezember 1941 durch ein japanisches U-Boot versenkt, nachdem es zuvor selbst einen japanischen

Klassenname	K XIV
Einzelboote	A: K XIV, K XV, K XVI, B: K XVII, K XVII
Bauwerften	A: Rotterdamsche Droogdok Maatschappij, Rotterdam, B: Wilton-Fijenoord, Rotterdam
Verdrängung ↑/↓	771 t / 1000 t
Länge × Breite × Tiefgang	74,00 × 6,20 × 4,00 m
Tauchtiefe	80 m
Besatzungsstärke	38
Dieselmotoren	2 × 1600 PS
Elektro-Fahrmotoren	2 × 500 PS
Geschwindigkeit ↑/↓	17 kn / 9 kn
Fahrbereich ↑/↓	3500 sm bei 11 kn / 26 sm bei 8,5 kn
Torpedorohre	8 × 53,3 cm
Torpedos	14
Artillerie	1 × 8,8-cm-Geschütz, 2 × 4-cm-Geschütz

Zerstörer auf den Grund des Meeres geschickt hatte. Im gleichen Monat lief »K XVII« auf eine Mine. Im März 1942 versenkte sich »K XVIII« selbst, wurde durch die Japaner gehoben und als stationäres Hulk in der Frühwarnung gegen Flugzeuge weiter verwendet. Im Juni 1945 erfolgte seine Versenkung durch das englische U-Boot »Taciturn«. Die beiden U-Boote »K XIV« und »K XV« überstanden den Krieg und wurden im April 1946 in Ostindien verschrottet.

U-Boot »K XIV«.
(Foto: Archiv Autor)

»O 16«

Das U-Boot »O 16« war ein Einzelboot der niederländischen Marine. Es wurde am 28. Dezember
1933 auf Kiel gelegt, lief am 27. Januar 1936
vom Stapel und stellte am 16. Oktober 1936
in Dienst. Gebaut wurde die »O 16« bei der
Koninklijke Maatschappij De Schelde in Vlissingen.
Das Zweihüllenboot hatte eine Tauchtiefe von
80 m. Zwei 1600-PS-Dieselmotoren und zwei
500-PS-Elektro-Fahrmotoren verliehen dem
U-Boot eine ↑/↓-Geschwindigkeit von 18 kn / 9 kn.
Die Reichweite betrug 5720 sm.
Die Torpedo- wie auch die Artilleriebewaffnung
waren recht stark ausgelegt. Acht 53,3-cm-
Topredorohre, aufgeteilt in vier Bug- und zwei
Heckrohre sowie zwei außen mittschiffs angeordnete Rohre, waren eingerüstet. Die Artillerie setzte
sich aus einem 8,8-cm-Geschütz und zwei
4-cm-Geschützen zusammen. Letztere waren

Bootsname	O 16
Bauwerft	Koninklijke Maatschappij De Schelde, Vlissingen
Verdrängung ↑/↓	896 t / 1170 t
Länge × Breite × Tiefgang	77,00 × 6,50 × 4,00 m
Tauchtiefe	80 m
Besatzungsstärke	38
Dieselmotoren	2 × 1600 PS
Elektro-Fahrmotoren	2 × 500 PS
Geschwindigkeit ↑/↓	18 kn / 9 kn
Fahrbereich ↑/↓	5720 sm bei 11 kn / unbekannt
Torpedorohre	8 × 53,3 cm
Torpedos	14
Artillerie	1 × 8,8-cm-Geschütz, 2 × 4-cm-Geschütz

U-Boot »O 16«. (Foto: Bibliothek für Zeitgeschichte)

wieder versenkbar im vorderen und hinteren Teil des Turmes eingebaut. Das 8,8-cm-Geschütz stand vor dem Turm an Oberdeck.

Noch vor dem Zweiten Weltkrieg verlegte die »O 16« in die Gewässer von Niederländisch-Ostindien. Während des Krieges operierte das U-Boot dort für kurze Zeit erfolgreich gegen die japanischen Seestreitkräfte. Im Dezember 1941 versenkte die »O 16« drei japanische Truppentransportschiffe und beschädigte zwei weitere. Während des Rückmarsches nach Singapur lief das U-Boot auf eine Mine. Nur ein einziges Besatzungsmitglied überlebte den Untergang.

U-Boot »O 16«. (Foto: Bibliothek für Zeitgeschichte)

»O 19«-Klasse

Die beiden U-Boote der »O 19«-Klasse sollten
ursprünglich im Hinblick auf ihre geplante Verwendung in Niederländisch-Ostindien die Namen
»K XIX« und »K XX« erhalten. Da die niederländische Marine aber 1937 diese Unterscheidung bei
der Namensgebung aufgeben hatte, wurden sie
mit einer O-Namensgebung versehen. Gebaut
wurden die beiden als Minenleger konzipierten
U-Boote in den Jahren 1938 / 1939 bei Wilton-
Fijenoord in Rotterdam.
Die Zweihüllenboote hatten eine Tauchtiefe von
105 m. Zwei Dieselmotoren von je 2500 PS

U-Boot »O 19«. (Foto: Royal Navy)

verliehen den U-Booten eine Überwassergeschwindigkeit von 19 kn. Bei Tauchfahrt erreichten sie mit den beiden 500-PS-Elektro-Fahrmotoren noch 9 kn. Mit 6150 sm erreichten sie eine recht große Fahrtstrecke.

Die U-Boote waren erstmals mit einem Schnorchel, der ja bekanntlich eine niederländische Erfindung ist, ausgerüstet. Damit hatten sie die Möglichkeit, getaucht auf Sehrohrtiefe fahrend ihre Batterie aufzuladen. Die Luftversorgung der Dieselmotoren wurde durch die Schnorchelanlage sichergestellt. Diese damals innovative Einrichtung war ein Novum im U-Bootbau und ist heute als Selbstverständlichkeit auf jedem konventionell angetriebenen U-Boot vorhanden.

Die Torpedo- und die Artilleriebewaffnung waren wie auf dem Vorgängerboot »O 16« jeweils im Kaliber wie auch in der Anordnung identisch. Entsprechend ihrem zugedachten Verwendungszweck konnten die beiden U-Boote 40 Minen mitnehmen. Hierzu hatten sie auf jeder Seite mittschiffs zehn senkrechte Minenschächte eingerüstet. Jeweils zwei Minen konnten in einem Schacht untergebracht werden.

Beide U-Boote kamen in den ostindischen Kolonialgewässern und im Pazifik zum Einsatz. Sie gingen dort verloren. »O 20« wurde nach Beschädigungen durch Wasserbomben im Dezember 1941 aufgegeben. »O 19« versenkte auf dem pazifischen Seekriegsschauplatz mehrere japanische Schiffe. Im Juli 1945 lief das Boot im Chinesischen Meer auf ein Riff und musste ebenfalls aufgegeben werden.

Klassenname	O 19
Einzelboote	O 19, O 20
Bauwerft	Wilton-Fijenoord, Rotterdam
Verdrängung ↑/↓	998 t / 1536 t
Länge × Breite × Tiefgang	81,00 × 7,50 × 4,00 m
Tauchtiefe	105 m
Besatzungsstärke	55
Dieselmotoren	2 × 2500 PS
Elektro-Fahrmotoren	2 × 500 PS
Geschwindigkeit ↑/↓	19 kn / 9 kn
Fahrbereich ↑/↓	6150 sm bei 12 / 27 sm bei 8,5 kn
Torpedorohre	8 × 53,3 cm
Torpedos	14
Artillerie	1 × 8,8-cm-Geschütz, 2 × 4-cm-Geschütz
Minen	40

»O 21«-Klasse

Die in den Jahren 1939 / 1940 gebauten sieben U-Boote der »O 21«-Klasse entsprachen im Wesentlichen den Vorgängerbooten. Da sie aber keine Minenwurfeinrichtung hatten, waren sie etwas kleiner in ihrer Verdrängung und ihren Abmessungen. Entstanden sind die Einheiten auf den Werften Koninklijke Maatschappij De Schelde in Vlissingen, Rotterdamsche Droogdok Maatschappij in Rotterdam und bei Wilton-Fijenoord in Rotterdam. Als Einsatzgebiet waren die europäischen Gewässer vorgesehen.

Die Zweihüllenboote der »O 21«-Klasse hatten eine Tauchtiefe von 105 m. Als Antrieb waren wieder zwei Dieselmotoren mit jeweils 2500 PS und zwei Elektro-Fahrmotoren mit jeweils 500 PS an Bord vorhanden. Damit erreichten sie eine ↑/↓-Geschwindigkeit von 19,5 kn / 9 kn. Die Einheiten kamen auf eine Reichweite von 6150 sm. Auch diese Klasse war wieder mit einer Schnorchelanlage ausgerüstet, die sich jedoch im Betrieb als unzuverlässig erwies und auf einigen Booten deshalb wieder ausgebaut wurde.

Die Bewaffnung bestand, wie auch auf den Vorgängerbooten, aus acht 53,3-cm-Topedorohren, wovon vier im Bug, zwei im Heck und zwei außen mittschiffs eingebaut waren. Auch die Artillerie war wie auf niederländischen U-Boote üblich eingerüstet. Ein 8,8-cm-Geschütz stand an Oberdeck vor dem Turm und zwei 4-cm-Geschütze

Klassenname	O 21
Einzelboote	A: O 21, O 22, B: O 23, O 24, O 26, O 27, C: O 25
Bauwerften	A: Koninklijke Maatschappij De Schelde, Vlissingen, B: Rotterdamsche Droogdok Maatschappij, Rotterdam, C: Wilton-Fijenoord, Rotterdam
Verdrängung ↑/↓	881 t / 1186 t
Länge × Breite × Tiefgang	77,50 × 6,50 × 4,00 m
Tauchtiefe	105 m
Besatzungsstärke	55
Dieselmotoren	2 × 2500 PS
Elektro-Fahrmotoren	2 × 500 PS
Geschwindigkeit ↑/↓	19,5 kn / 9 kn
Fahrbereich ↑/↓	6150 sm bei 12 kn / 28 sm bei 8,5 kn
Torpedorohre	8 × 53,3 cm
Torpedos	14
Artillerie	1 × 8,8-cm-Geschütz, 2 × 4-cm-Geschütz

befanden sich auf versenkbaren Lafetten vorne und achtern im Turm.

Beim Einmarsch der deutschen Wehrmacht in den Niederlanden waren fünf U-Boote der Klasse vom

Auf dieser Aufnahme des U-Bootes »O 21« sind die außen gelegenen Torpedorohre gut zu erkennen. (Foto: Bibliothek für Zeitgeschichte)

Auf der Abbildung befindet sich das U-Boot »O 21« vermutlich in einem Anlegemanöver. Man beachte die großen Aussparungen für die außen gelegenen Torpedorohre. (Foto: Bibliothek für Zeitgeschichte)

Stapel gelaufen. Von diesen gelang es, die ersten vier Baunummern aus eigener Kraft oder im Schlepp nach Großbritannien zu überführen. Dort fertiggestellt, kamen die U-Boote während des Krieges auf alliierter Seite in der Nordsee, im Mittelmeer und in Fernost zum Einsatz. »O 22« ging im November 1940 vor Norwegen verloren. Nach dem Krieg blieben die drei überlebenden U-Boote in den Niederlanden bis 1948 bzw. bis 1954 und 1957 im aktiven Dienst.

»O 25« versenkte sich beim deutschen Einmarsch selbst, wurde aber gehoben und bei der Kriegsmarine als »UD 3« am 8. Juni 1941 in Dienst gestellt. Nach einigen Kriegseinsätzen stellte das Boot im Oktober 1944 außer Dienst und wurde im Mai 1945 in Kiel selbst versenkt.

Die unfertigen U-Boote »O 26« und »O 27« wurden ebenfalls von der Kriegsmarine übernommen und zu Ende gebaut. Sie liefen am 23. November 1940 und 26. September 1941 als »UD 4« und »UD 5« vom Stapel und stellten 1941 bzw. 1942 in Dienst. »UD 4« kam nie zu einem Kriegseinsatz und wurde im Mai 1945 in Kiel selbst versenkt. »UD 5« führte mehrere Feindfahrten durch und gelangte nach Kriegsende wieder zurück in die Niederlande. Als »O 27« blieb es bis November 1959 im Dienst der niederländischen Marine.

Das U-Boot »O 27« in einer Nachkriegsaufnahme, was an der aufgemalten NATO-Kennung S 807 leicht zu erkennen ist. Die Turmform wurde während des Krieges auf die deutsche Norm geändert. (Foto: Deutscher Marinebund)

Das U-Boot »O 25« auf der Helling in der Schiffbauhalle. Das Boot lief am 1. Mai 1940 vom Stapel. (Foto: Deutscher Marinebund)

»Dekabrist«-Klasse / »D«-Klasse

Mitte der 1920er Jahre begann die Entwicklung und der Bau der U-Boote der »Dekabrist«-Klasse, die mit Beginn des Zweiten Weltkriegs in »D«-Klasse umbenannt wurde. Dabei änderten sich auch die Bootsnamen der sechs zu dieser Klasse gehörenden Einheiten in fortlaufende alpha-numerische Bezeichnungen von »D 1« bis »D 6«. Gebaut wurde die »D«-Klasse, die den Neuaufbau der russischen U-Bootwaffe einleitete, zu je drei Einheiten auf der Leningrader Baltischen Werft und auf der Marti Werft in Nikolajew. Im März 1927 erfolgte die Kiellegung des Typschiffes. Das letzte Boot stellte 1931 in Dienst.

Die Zweihüllenboote der »D«-Klasse basierten auf der russischen »Bars«-Klasse des Ersten Weltkriegs. Die Tauchtiefe wird mit 90 m angegeben. Zwei 1100-PS-Dieselmotoren und zwei 500-PS-Elektro-Fahrmotoren bildeten den Antrieb der U-Boote. Sie erreichten eine ↑/↓ -Geschwindigkeit von 14 kn / 9 kn und besaßen eine Reichweite von 7500 sm. Als Notantrieb waren nochmals zwei zusätzliche 25 PS starke Elektromotoren vorhanden.

Die Bewaffnung der »D«-Klasse bestand aus acht 53,3-cm-Torpedorohren, von denen sechs als Bug- und zwei als Heckrohre eingebaut waren. Ein 10-cm-Geschütz auf dem Turm und ein 4,5-cm-Geschütz im achteren Bereich des Turms bildeten die Artilleriebewaffnung. In zwei vertikalen Schächten konnten zusätzlich noch acht Minen mitgenommen werden.

Klassenname	Dekabrist / D
Einzelboote	A: D 1 ex Dekabrist, D 2 ex Narodovolets, D 3 ex Krasnogvardeets, B: D 4 ex Jakobinets, D 5 ex Revolutsioner, D 6 ex Spartakovets
Bauwerften	A: Baltische Werft, Leningrad, B: Marti Werft, Nikolajew
Verdrängung ↑/↓	923 t / 1354 t
Länge × Breite × Tiefgang	76,00 × 6,40 × 3,80 m
Tauchtiefe	90 m
Besatzungsstärke	53
Dieselmotoren	2 × 1100 PS
Elektro-Fahrmotoren	2 × 500 PS, 2 × 25 PS (Notantrieb)
Geschwindigkeit ↑/↓	14 kn / 9 kn
Fahrbereich ↑/↓	7500 sm bei 9 kn / 132 sm bei 2 kn
Torpedorohre	8 × 53,3 cm
Torpedos	14
Artillerie	1 × 10-cm-Geschütz, 1 × 4,5-cm-Geschütz
Minen	8

In den Jahren 1938 bis 1941 erfuhren die U-Boote Umbauten und Modernisierungen. So wurde zum Beispiel die Position des 10-cm-Geschützes vom Turm auf das Oberdeck vor dem Turm verlegt. Außerdem verlegten die U-Boote »D 1« und »D 3« zur Nordflotte.

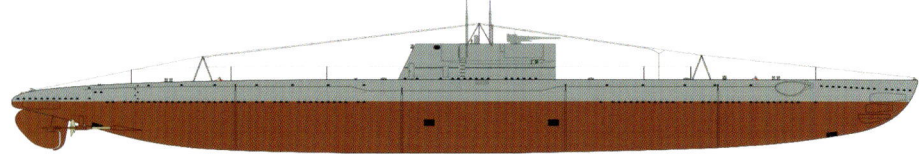

Seitenrisszeichnung der »D«-Klasse mit der ursprünglichen Anordnung des 10-cm-Geschützes auf dem Turm. (Foto: Mike1979Russia / CC-BY-SA 3.0)

Ersteres ging im November 1940 auf einer Übungsfahrt verloren und »D 3« wurde im Juli 1942 bei Kampfhandlungen vor Norwegen versenkt.

»D 2 ex Narodovolets« überstand den Zweiten Weltkrieg. Das Boot war bis 1958 im Dienst, wurde dann bis 1987 als Schulboot verwendet und steht heute als Außenexponat im Marinemuseum in St. Petersburg. Von den im Schwarzen Meer befindlichen U-Booten fielen »D 4« und »D 6« Kampfhandlungen zum Opfer. »D 5« wurde 1957 verschrottet.

»D 3 ex Krasnogvardeets« als Motiv auf einer russischen Briefmarke. (Foto: Archiv Autor)

Das Museums-U-Boot »D 2 ex Narodovolets« im Marinemuseum in St. Petersburg. (Foto: Jürgen Weber)

Das Museums-U-Boot »D 2 ex Narodovolets« im Marinemuseum in St. Petersburg. (Foto: Letrowitsch / CC-BY-SA 3.0)

»Leninets«-Klasse / »L«-Klasse

Die später als »L«-Klasse bezeichnete »Leninets«-Klasse war die zweite russische U-Bootentwicklung nach dem Ersten Weltkrieg. Insgesamt 25 Einheiten entstanden von 1929 bis 1942 auf der Baltischen Werft in Leningrad, der Marti Werft in Nikolajew und der Dalzavod Werft in Wladiwostok. Sie hatten zunächst Bootsnamen, die später in alpha-numerische Bezeichnungen – durchlaufend von »L 1« bis »L 25« – umbenannt wurden. Stationiert waren die U-Boote der »L«-Klasse in der Baltischen Flotte, der Schwarzmeerflotte und der Pazifik-Flotte.

Der Schiffsentwurf der »L«-Klasse baute auf der »Dekabrist«-Klasse auf. Außerdem nutzten die russischen U-Bootbauer technische Erkenntnisse aus dem bei der alliierten Intervention 1919 im Bürgerkrieg vor Kronstadt versenkten und später gehobenen englischen U-Boot »L 55«. Es gab drei verschiedene Versionen bei der »L«-Klasse, die sich in ihrer Verdrängung und ihren Abmessungen geringfügig von einander unterschieden. Auch die Turmformen waren nicht einheitlich ausgeführt.

Die U-Boote der »L«-Klasse waren Zweihüllenboote. Ihre Tauchtiefe wird mit 90 m (I, II) respektive 100 m (III) angegeben. Bei Überwasserfahrt standen zwei Dieselmotoren und für die Tauchfahrt zwei Elektro-Fahrmotoren zur Verfügung. Die Leistungen der Motoren waren unterschiedlich (siehe Tabelle) und dementsprechend auch die Geschwindigkeiten und Reichweiten.

Die U-Boote der »L«-Klasse waren mit sechs (I, II) oder acht (III) 53,3-cm-Torpedorohren ausgerüstet, davon waren bei der Version III zwei als Heckrohre ausgelegt. Die Artillerie entsprach der Ausrüstung der »D«-Klasse und bestand einheitlich aus je einem 10-cm- und 4,5-cm-Geschütz. Die U-Boote konnten 20 Minen mitnehmen. Hierzu waren achtern beidseitig Minenschächte vorhanden.

Zum Einsatz kamen die U-Boote der »L«-Klasse in der Ostsee, dem Schwarzen Meer und 1945

Klassenname	Leninets / L
Einzelboote	25
Bauwerften	Baltische Werft, Leningrad, Dalzavod Werft, Wladiwostok, Marti Werft, Nikolajew
Verdrängung ⬆/⬇	1040 t / 1335 t (I), 1025 t / 1321 t (II), 1108 t / 1399 t (III)
Länge × Breite × Tiefgang	78,30 × 7,00 × 4,18 m (I), 81,00 × 6,40 × 4,11 m (II), 83,30 × 7,00 × 4,08 m (III)
Tauchtiefe	90 m (I, II), 100 m (III)
Besatzungsstärke	50 (I, II), 54 (III)
Dieselmotoren	2 × 1100 PS (I), 2 × 1200 PS (II), 2 × 2000 PS (III)
Elektro-Fahrmotoren	2 × 500 PS (I), 2 × 650 PS (II, III)
Geschwindigkeit ⬆/⬇	13,5 kn / 8,0 kn (I), 14,0 kn / 8,5 kn (II), 18,0 kn / 8,5 kn (III)
Fahrbereich ⬆/⬇	7400 sm bei 8 kn / 152 sm bei 2,5 kn (I), 7000 sm bei 9 kn / 100 sm bei 2,5 kn (II), 10.000 sm bei 8,5 kn / 157 sm bei 2,5 kn (III)
Torpedorohre	6 × 53,3 cm (I, II), 8 × 53,3 cm (III)
Torpedos	12 (I, II), 14 (III)
Artillerie	1 × 10-cm-Geschütz, 1 × 4,5-cm-Geschütz
Minen	20

noch kurzzeitig im Pazifik. Insgesamt gingen durch Kampfhandlungen sechs Einheiten verloren. Bei zwei weiteren U-Booten der »L«-Klasse konnte der Verlust nicht eindeutig aufgeklärt werden. Die übrigen 17 U-Boote überstanden den Zweiten Weltkrieg und gingen sukzessive in den 1950er Jahren außer Dienst.

Luftaufnahme eines U-Bootes der »L«-Klasse. (Foto: Bibliothek für Zeitgeschichte)

U-Boot der »L«-Klasse. (Foto: Bibliothek für Zeitgeschichte)

»Shchuka«-Klasse / »Shch«-Klasse

Die mittelgroßen U-Boote der »Shchuka«-Klasse entstanden ab 1930 auf insgesamt sieben russischen Werften. Rund 100 U-Boote wurden im Bau begonnen, aber nur etwa 80 bis zum Jahr 1942 fertiggestellt. Die Kiellegung des ersten Bootes fand im Februar 1930 statt.

Die letzten U-Boote liefen vermutlich kurz nach Kriegsende der russischen Flotte zu. Anzumerken ist, dass nicht alle auf Kiel gelegten Boote auch tatsächlich zu Ende gebaut wurden. Einige wurden halb fertig wieder verschrottet. Die Boote hatten keine Namen, sondern nur

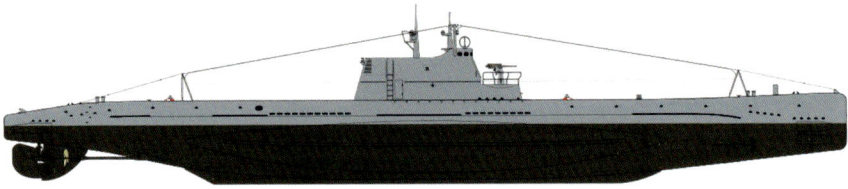

Die Seitenrisszeichnung eines U-Bootes aus der Bauversion I der »Shch«-Klasse. (Foto: Mike1979Russia / CC-BY-SA 3.0)

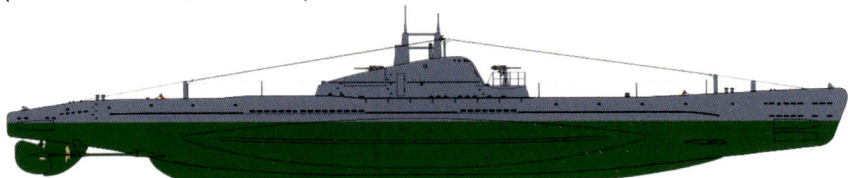

Die Seitenrisszeichnung eines U-Bootes der »Shch«-Klasse aus einer der späteren Bauserien. (Foto: Mike1979Russia / CC-BY-SA 3.0)

alpha-numerische Bootsbezeichnungen mit dem Buchstaben Щ. Eine namentliche Auflistung von Werften und Booten kann aus Platzgründen nicht erfolgen.

Die vier Versionen – einige Quellen unterscheiden noch weitere – der »Shch«-Klasse variierten in ihrer Verdrängung, ihren Abmessungen und auch in ihrem äußeren Aussehen. Sie sind auf Abbildungen sehr schwer zuzuordnen.

Die Einhüllenboote erreichten eine Tauchtiefe von 90 m. Der Antrieb erfolgte bei Überwasserfahrt durch zwei Dieselmotoren. Zwei Elektro-Fahrmotoren standen für die Tauchfahrt zur Verfügung. Für den Notbetrieb gab es auf der Version I nochmals zwei 20-PS-Elektromotoren. Die Motorenleistungen, Geschwindigkeiten und Reichweiten der unterschiedlichen Bootstypen waren nicht einheitlich und sind in der nachfolgenden Tabelle aufgelistet.

Das U-Boot »Щ 209« / »Shch 209« stellte im Dezember 1936 bei der Schwarzmeerflotte in Dienst und wurde 1958 in Odessa abgewrackt. Im Hintergrund ist der Kreuzer »Komintern« zu sehen, der 1905 für die russische Marine unter dem Namen »Kagul« in Dienst gestellt und 1907 in »Pamyat Merkuria« umbenannt wurde. (Foto: Archiv Autor)

Die Torpedobewaffnung der »Shch«-Klasse war wiederum auf allen Booten mit sechs 53,3-cm-Torpedorohren gleich. Sie waren aufgeteilt in vier Bug- und zwei Heckrohre. Die Artillerie war wiederum unterschiedlich. Die erste Version der U-Boote besaß ein 4,5-cm-Geschütz und die übrigen Einheiten zwei Geschütze dieses Kalibers.

Die U-Boote der »Shch«-Klasse kamen im Nordmeer, in der Ostsee, im Schwarzen Meer und 1945 auch im Pazifik zum Einsatz. Insgesamt gingen 32 Einheiten bei Kampfeinsätzen verloren. Die übrig gebliebenen U-Boote versahen noch bis in die Mitte der 1950er Jahre in der russischen Marine ihren Dienst und wurden danach verschrottet, zum Teil erst in den 1960er Jahren.

Klassenname	Shchuka / Shch
Einzelboote	100
Bauwerften	7
Verdrängung ↑/↓	577 t / 704 t (I), 586 t / 702 t (II, III), 587 t / 705 t (IV)
Länge × Breite × Tiefgang	57,00 × 6,41 × 3,78 m (I), 58,50 × 6,20 × 4,20 m (II, III), 58,75 × 6,20 × 4,00 m (IV)
Tauchtiefe	90 m
Besatzungsstärke	38
Dieselmotoren	2 × 675 PS (I, II, III), 2 × 800 PS (IV)
Elektro-Fahrmotoren	2 × 400 PS, 2 × 20 PS (Notantrieb, nur I)
Geschwindigkeit ↑/↓	11 kn / 8 kn (I), 13 kn / 7 kn (II, III), 13,5 kn / 8 kn (IV)
Fahrbereich ↑/↓	3250 sm bei 8,5 kn / 110 sm bei 2 kn (I), 4500 sm bei 8,5 kn / 100 sm bei 2 kn (II, III), 3650 sm bei 7 kn / 122 sm bei 2 kn (IV)
Torpedorohre	6 × 53,3 cm
Torpedos	10
Artillerie	1 × 4,5-cm-Geschütz (I), 2 × 4,5-cm-Geschütz (II, III, IV)

»Pravda«-Klasse / »P«-Klasse

Die U-Boote der »Pravda«- und späteren »P«-Klasse stellten den Versuch dar, Angriffs-U-Boote mit großer Reichweite zu bauen. Der Entwurf war jedoch nicht gelungen und nur drei Boote wurden zwischen 1931 und 1936 auf der Baltischen Werft in Leningrad fertiggestellt. Eine vierte geplante Einheit wurde im Bau schon gar nicht mehr in Angriff genommen bzw. nach anderer Quelle nicht mehr fertig gebaut. Auch bei dieser Klasse fand wieder eine Umbenennung der Bootsnamen auf eine alpha-numerische Bezeichnung statt.

Die »P«-Klasse war als Zweihüllenboot konstruiert und erreichte eine Tauchtiefe von 75 m. Die Antriebsanlage bestand aus zwei Dieselmotoren von jeweils 1350 PS für die Überwasserfahrt und zwei Elektro-Fahrmotoren von jeweils 555 PS für die Tauchfahrt. Die rechnerische ↑/↓-Geschwindigkeit betrug 19 kn / 7,5 kn. Sie soll aber

später nie in der Praxis erreicht worden sein. Die Reichweite wird mit 5750 sm angegeben.

Die Bewaffnung der »P«-Klasse war recht umfangreich. Sechs 53,3-cm-Torpedorohre waren vorhanden, davon zwei als Hecktorpedorohre. Die Artillerie bestand aus zwei 10-cm-Geschützen, die vorne und achtern im Turm aufgestellt waren. Auf dem Turm stand nochmals ein 4,5-cm-Geschütz.

Die Kriegsverwendung der »P«-Klasse war begrenzt. Die »P 1« ging 1941 in der Ostsee durch Minentreffer verloren. »P 2« wurde im gleichen Jahr vor Leningrad durch Artilleriefeuer beschädigt, wieder in Stand gesetzt und überlebte den Zweiten Weltkrieg. Das dritte U-Boot der Klasse überstand ebenfalls den Krieg. Beide Boote wurden umgebaut und erhielten andere Turmformen. In den 1950er Jahren wurden sie aber schon verschrottet.

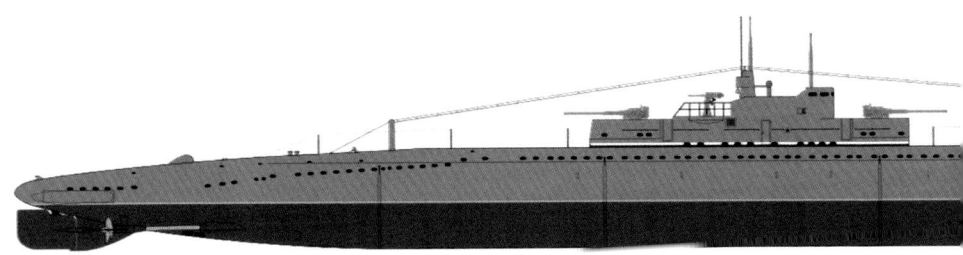

Seitenrisszeichnung der »P«-Klasse in der ursprünglichen Form. (Foto: Mike1979Russia / CC-BY-SA 3.0)

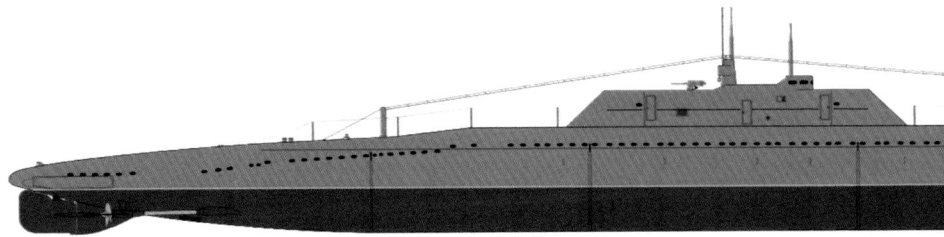

Seitenrisszeichnung der »P«-Klasse nach dem Umbau in der Nachkriegszeit. (Foto: Mike1979Russia / CC-BY-SA 3.0)

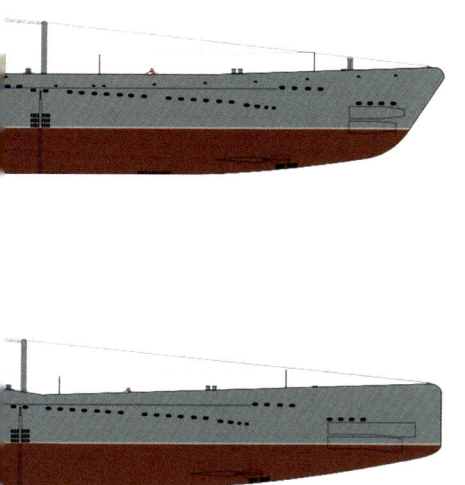

Eines der seltenen Fotos der »P«-Klasse. (Foto: Bibliothek für Zeitgeschichte)

Klassenname	Pravda / P
Einzelboote	P 1 ex Pravda, P 2 ex Zvezda, P 3 ex Iskra
Bauwerft	Baltische Werft, Leningrad
Verdrängung ↑/↓	955 t / 1671 t
Länge × Breite × Tiefgang	87,60 × 8,00 × 3,10 m
Tauchtiefe	75 m
Besatzungsstärke	54
Dieselmotoren	2 × 1350 PS
Elektro-Fahrmotoren	2 × 555 PS
Geschwindigkeit ↑/↓	19 kn / 8 kn
Fahrbereich ↑/↓	5750 sm bei 10 kn / 105 sm bei 4 kn
Torpedorohre	6 × 53,3 cm
Torpedos	10
Artillerie	2 × 10-cm-Geschütz, 1 × 4,5-cm-Geschütz

»Stalinets«-Klasse / »S«-Klasse

Der Bau der »Stalinets«-Klasse, die später zur »S«-Klasse umdesigniert wurde, begann 1936. Ihr Gesamtumfang belief sich auf 57 auf Kiel gelegte Einheiten. Davon wurden 33 U-Boote bis 1945 gebaut. Einige der restlichen Einheiten wurden erst nach dem Krieg fertiggestellt und wiederum andere abgebrochen. Die Einheiten der »S«-Klasse entstanden auf insgesamt sieben Werften. Aus Platzgründen erfolgt keine namentliche Auflistung.

Der Schiffsentwurf geht zurück auf das türkische U-Boot »Gür«, das in Spanien als »E 1« nach Entwürfen des IvS (Ingenieurskaantor voor Scheepsbouw, Den Haag, deutsche Tarnorganisation zum Zweck der Erhaltung von Kenntnissen im U-Bootbau) gebaut wurde.

Die U-Boote der »S«-Klasse waren Zweihüllenboote mit einer Tauchtiefe von 100 m. In Folge der großen Anzahl von Einheiten, der vielen Bauwerften und der langen Bauzeit gab es zahlreiche Unterschiede in der Bauausführung. Der Antrieb der U-Boote erfolgte im Überwassermarsch durch zwei Dieselmotoren mit jeweils 2000 PS. Für die Tauchfahrt waren zwei Elektro-Fahrmotoren von jeweils 550 PS vorhanden. Die U-Boote erreichten eine ↑/↓-Geschwindigkeit

Klassenname	Stalinets/S
Einzelboote	57
Bauwerft	7
Verdrängung ↑/↓	840 t / 1070 t
Länge × Breite × Tiefgang	77,80 × 6,40 × 4,40 m
Tauchtiefe	100 m
Besatzungsstärke	50
Dieselmotoren	2 × 2000 PS
Elektro-Fahrmotoren	2 × 550 PS
Geschwindigkeit ↑/↓	19,5 kn / 9 kn
Fahrbereich ↑/↓	9800 sm bei 10 kn / 148 sm bei 3 kn
Torpedorohre	6 × 53,3 cm
Torpedos	12
Artillerie	1 × 10-cm-Geschütz, 1 × 4,5-cm-Geschütz

von 19,5 kn / 9 kn und konnten eine Reichweite von 9800 sm aufweisen.

Die Torpedobewaffnung bestand aus 53,3-cm-Rohren, von denen vier als Bugrohre und zwei als Heckrohre eingebaut waren. Die Artillerie war mit einem 10-cm-Geschütz und einem

4,5-cm-Geschütz eingerüstet. Das 10-cm-Geschütz hatte anfangs eine umschlossene Lafettierung, die sich jedoch nicht bewährte und in Folge wieder entfernt wurde.

Im Zweiten Weltkrieg waren die Einheiten der »S«-Klasse auf allen Schauplätzen des Seekrieges eingesetzt, konnten aber nur bescheidene Erfolge erringen. Dem standen 15 Verluste gegenüber. Die Überlebenden und die nach dem Krieg fertiggebauten U-Boote blieben noch bis in die 1950er Jahr im Dienst der russischen Marine.

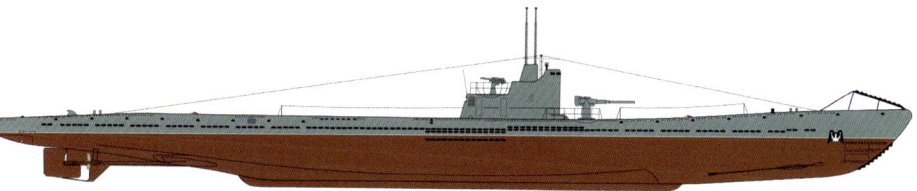

Seitenrisszeichnung der »S«-Klasse. (Foto: Mike1979Russia)

Das als Museumsboot in Wladivostock aufgestellte »S 56«. Im Vordergrund ist das Wachboot »Krasnyi Vympel« zu sehen. (Foto: Chekalin / CC-BY-SA 2.0)

Das U-Boot »S 2« in der ursprünglichen Ausführung mit umschlossenem Deckgeschütz. (Foto: Bibliothek für Zeitgeschichte)

»Katyusha«-Klasse / »K«-Klasse

Die 18 U-Boote der russischen »K«-Klasse, auch als »Katyusha«-Klasse bezeichnet, entstanden in Leningrad auf der Admiralitätswerft und der Baltischen Werft. Im Dezember 1936 wurde das erste Boot auf Kiel gelegt. Es stellte drei Jahre später in Dienst. Bis 1942 wurden acht U-Boote fertiggestellt. In den Jahren 1943 / 1944 folgten nochmals drei Einheiten. Ein auf Kiel gelegtes Boot blieb unvollendet. Die übrigen sechs Einheiten der »K«-Klasse wurden während des Krieges nicht mehr fertig und wurden erst danach zu Ende gebaut. Die U-Boote erhielten keine Namen, sondern an Stelle derer alpha-numerische Bezeichnungen mit dem Buchstaben K.

Die Zweihüllenboote der »K«-Klasse hatten eine Tauchtiefe von 100 m. Zwei starke Dieselmotoren von jeweils 4200 PS sollten ihnen eine Überwassergeschwindigkeit von 22,5 kn verleihen, was aber in der Realität nicht erreicht wurde. Die beiden 1200-PS-Elektro-Fahrmotoren ermöglichten bei Tauchfahrt eine Geschwindigkeit von 10 kn. Die Reichweite der U-Boote lag bei 15.000 sm. Die Torpedo- wie auch die Artilleriebewaffnung war auf der »K«-Klasse recht stark ausgelegt. Vorhanden waren insgesamt zehn 53,3-cm-

Seitenrisszeichnung der »K«-Klasse. (Foto: Mike1979Russia / CC-BY-SA 3.0)

Torpedorohre. Davon waren sechs als Bugrohre und zwei als Heckrohre eingebaut. Die beiden übrigen Torpedorohre standen ebenfalls achtern. Sie waren außen angeordnet. Die Artillerie setzte sich aus jeweils zwei Geschützen vom Kaliber 10 cm und 4,5 cm zusammen. Sie waren vorn und achtern im Turm eingerüstet. Darüber hinaus waren die U-Boote in der Lage noch 20 Minen mitzunehmen, die in seitlich angeordneten Schächten transportiert wurden und so nicht zu Lasten der Torpedoanzahl gingen.

Die sechs bislang in Dienst stehenden U-Boote der «K»-Klasse verlegten 1940 / 1941 von der Ostsee zur Nordflotte. Während des Zweiten Weltkrieges kamen die U-Boote in arktischen und nördlichen Gewässern zum Einsatz. Ihre Erfolge waren jedoch recht bescheiden. Fünf U-Boote gingen 1942 / 1943 durch Kampfhandlungen verloren. Nach dem Zweiten Weltkrieg verlegten nach und nach auch die übrigen U-Boote zur Nordflotte, blieben dort aber nicht mehr lange im Dienst. Sie wurden bereits ab Ende der 1940er und in den 1950er Jahren verschrottet. Nur eines überlebte bis Anfang der 1970er Jahre.

Klassenname	Katyusha / K
Einzelboote	18
Bauwerften	Admiralitätswerft, Leningrad, Baltische Werft, Leningrad
Verdrängung ↑/↓	1480 t / 2095 t
Länge × Breite × Tiefgang	97,70 × 7,40 × 4,50 m
Tauchtiefe	100 m
Besatzungsstärke	62
Dieselmotoren	2 × 4200 PS
Elektro-Fahrmotoren	2 × 1200 PS
Geschwindigkeit ↑/↓	21 kn / 10 kn
Fahrbereich ↑/↓	15.000 sm bei 9 kn / 160 sm bei 3 kn
Torpedorohre	10 × 53,3 cm
Torpedos	24
Artillerie	3 × 10-cm-Geschütz, 2 × 4,5-cm-Geschütz
Minen	20

Ein U-Boot der «K»-Klasse auf See. Gut zu erkennen die starke Artilleriebewaffnung von jeweils zwei 10-cm- und 4,5-cm-Geschützen. (Foto: Bibliothek für Zeitgeschichte)

Im Päckchen an der Pier liegend ein U-Boot der »K«-Klasse (li) und ein U-Boot der »L«-Klasse (re). (Foto: Bibliothek für Zeitgeschichte)

»S«-Klasse

Die amerikanische Marine besaß 51 U-Boote der »S«-Klasse, die an Stelle von Namen lediglich alpha-numerische Bezeichnungen führten. Ihre Entwicklung geht auf die vorhergehende »R«-Klasse des Ersten Weltkriegs zurück. Das Typschiff »S 1« wurde noch während des Krieges auf Kiel gelegt und stellte am 5. Juni 1920 in Dienst. Bis September 1925 folgten die übrigen Einheiten. Die in vier Gruppen gebauten U-Boote entstanden auf den Werften Bethlehem Steel in Quincy / Massachusetts und San Francisco / Kalifornien sowie bei der Lake Torpedoboat Company in Bridgeport / Connecticut und auf der Marinewerft in Portsmouth / New Hampshire. Die Baugruppen unterschieden sich leicht in ihrer Verdrängung und ihren Abmessungen.

Die Einhüllenboote der »S«-Klasse hatten eine Tauchtiefe von 60 m. Zwei Dieselmotoren und zwei

Das Typschiff »S 1« erhielt Ende 1923 zu Versuchs- und Erprobungszwecken einen druckfesten Behälter zur Aufnahme eines Flugzeuges. (Foto: US Navy)

Elektro-Fahrmotoren standen als Antrieb zur Verfügung. Je nach Gruppe unterschieden sie sich in der Motorenleistung (siehe Tabelle). Dem gegenüber war die ↑/↓-Geschwindigkeit mit 14,5 kn / 11 kn bei allen Gruppen gleich. Die vierte Baugruppe hatte mit 8000 sm einen um 3000 sm größeren Fahrbereich als die drei vorangegangen Bauserien.

Die Torpedobewaffnung der »S«-Klasse bestand aus vier 53,3-cm-Bugtorpedorohren. »S 48« hatte zusätzlich ein Hecktorpedorohr eingebaut. Ein 10,2-cm-Geschütz war als Artilleriebewaffnung an Bord der U-Boote.

Die Einheiten der »S«-Klasse bildeten das Gros der amerikanischen U-Boote zwischen den beiden Weltkriegen. Einige Einheiten stellten in den 1930er Jahren vorübergehend außer Dienst. Im Krieg erfuhren die doch schon recht betagten U-Boote der »S«-Klasse noch das gesamte Spektrum der Einsatzmöglichkeiten. Sie kamen zunächst zur Küstenüberwachung entlang der amerikanischen Ostküste in Verwendung. In der Anfangszeit des Seekrieges im Pazifik erfolgten klassische U-Booteinsätze in den philippinischen und indonesischen Gewässern. In ihrem Verwen-

Klassenname	S
Einzelboote	51
Bauwerften	Bethlehem Steel, Quincy, Bethlehem Steel, San Francisco, Lake Torpedoboat Company, Bridgeport Marinewerft, Portsmouth
Verdrängung ↑/↓	854 t / 1062 t (I), 876 t / 1092 t (II), 906 t / 1126 t (III), 903 t / 1230 t (IV)
Länge × Breite × Tiefgang	66,50 × 6,10 × 4,60 m (I), 70,20 × 6,60 × 4,00 m (II), 68,40 × 6,10 × 4,60 m (III), 73,20 × 6,50 × 4,10 m (IV)
Tauchtiefe	60 m
Besatzungsstärke	42
Dieselmotoren	2 × 600 PS (I), 2 × 1000 PS (II), 2 × 600 PS (III), 2 × 900 PS (IV)
Elektro-Fahrmotoren	2 × 750 PS (I), 2 × 600 PS (II), 2 × 750 PS (III), 2 × 750 PS (IV)
Geschwindigkeit ↑/↓	14,5 kn / 11 kn
Fahrbereich ↑/↓	5000 sm bei 10 kn / unbekannt (I, II, III), 8000 sm bei 10 kn / unbekannt (IV)
Torpedorohre	4 × 53,3 cm, 5 × 53,3 cm (nur S 48)
Torpedos	12, 14 (nur S 48)
Artillerie	1 × 10,2-cm-Geschütz

U-Boot »S 48«. (Foto: US Navy)

![S-25 im Dock]

Das U-Boot »S 25« im Dock. (Foto: US Navy)

dungsspektrum ebenfalls enthalten waren Einsätze zu Schul- und Übungszwecken für U-Jagdeinheiten. Insgesamt sechs U-Boote wurden im Zweiten Weltkrieg an Großbritannien abgegeben, von denen wiederum ein U-Boot an die unter englischem operativen Kommando stehenden polnischen Marineeinheiten weitergereicht wurde. Durch Feindeinwirkung blieben sieben amerikanische U-Boote der »S«-Klasse auf See. Alle Boote, die den Zweiten Weltkrieg überstanden hatten, wurden deaktiviert und danach verschrottet.

U-Boot »S 49«. (Foto: US Navy)

U-Boote der »S«-Klasse im Trockendock der Marinewerft in Portsmouth / New Hampshire. (Foto: US Navy)

»Barracuda«-Klasse

Die drei U-Boote der »Barracuda«-Klasse wurden noch Ende des Ersten Weltkriegs entworfen. Die Kiellegung des Typschiffes erfolgte aber erst im Oktober 1921. In den Jahren 1924 / 1925 stellten die auf der Marinewerft in Portsmouth / New Hampshire gebauten U-Boote in Dienst. Die Namensgebung erfolgte zunächst durch die alpha-numerischen Betzeichnungen »V 1« bis »V 3« und dann mit den Namen »Barracuda«, »Bass« und »Bonita«. Mit diesen großen U-Booten begann die Umorientierung der amerikanischen Marine in Richtung Pazifik.

Äußeres Kennzeichen dieser Zweihüllenboote war der sogenannte Haifischbug mit der Steven-Ankerklüse sowie die ansteigende Decksline des Vorschiffs. Die Tauchtiefe wird mit 60 m angegeben. Der Antrieb war etwas ungewöhnlich. Für die Überwasserfahrt standen zwei Dieselmotoren mit je 2250 PS zur Verfügung. Zwei zusätzliche Diesel-Generatoranlagen von jeweils 1000 PS wurden hauptsächlich für die Ladung der Batterie genutzt. Sie konnten aber

Klassenname	Barracuda
Einzelboote	Barracuda, Bass, Bonita
Bauwerft	Marinewerft, Portsmouth
Verdrängung ↑/↓	2000 t / 2620 t
Länge × Breite × Tiefgang	104,20 × 8,20 × 4,40 m
Tauchtiefe	60 m
Besatzungsstärke	80
Dieselmotoren	2 × 2250 PS, 2 × 1000 PS
Elektro-Fahrmotoren	2 × 1200 PS
Geschwindigkeit ↑/↓	18 kn / 8 kn
Fahrbereich ↑/↓	12.000 sm bei 11 kn / unbekannt
Torpedorohre	6 × 53,3 cm
Torpedos	12
Artillerie	1 × 12,7-cm-Geschütz, 1 × 7,6-cm-Geschütz (ab 1928), 1 × 2-cm-Geschütz (ab 1943)

U-Boot »Bonita«. (Foto: US Navy)

Die U-Boote »Bonita« (li) und »Bass« (re) im Päckchen an der Pier liegend. (Foto: US Navy)

auch die beiden Elektro-Fahrmotoren direkt mit Strom versorgen und so zur Unterstützung der Hauptdieselmotoren eingesetzt werden. Diese diesel-elektrische Zusatzschaltung war bei Überwasserfahrt zur Erreichung der Höchstgeschwindigkeit notwendig. Ansonsten dienten die beiden Elektro-Fahrmotoren für die Tauchfahrt. Sie verfügten über jeweils 1200 PS an Leistung. Die ↑/↓-Geschwindigkeit wird mit 18 kn / 8 kn angegeben. Die Reichweite der »Barracuda«-Klasse war mit 10.000 sm recht groß, aber für den vorgesehenen Einsatzraum im Pazifischen Ozean durchaus notwendig und angebracht.

Die Bewaffnung der »Barracuda«-Klasse bestand ursprünglich aus sechs 53,3-cm-Torpedorohren. Davon waren zwei als Heckrohre eingebaut. Ein 12,7-cm-Geschütz war als Artillerie vorhanden,

das jedoch schon bald aus Stabilitätsgründen durch ein Geschütz des Kalibers 7,6 cm ersetzt werden musste. Auch dieses wurde später, als der Einsatz als Transport-U-Boote geplant war, durch ein 2-cm-Geschütz ausgetauscht.

Die U-Boote der »Barracuda«-Klasse wurden 1937 in die Reserve überführt. Anfang der 1940er Jahre jedoch wieder reaktiviert und dann umgebaut. Dabei wurde der diesel-elektrische Antriebsteil entfernt. Der so gewonnene Platz konnte bei Bedarf als Transportraum genutzt werden. Die Boote fanden zunächst als Übungs-U-Boote Verwendung. Von allen drei Einheiten wurden zudem mehrere Kriegseinsätze durchgeführt, aber Erfolge konnten sie nicht verzeichnen. Der vollständige Umbau zu Transport-U-Booten wurde zwar angedacht, aber nicht umgesetzt. Nach dem Krieg erfolgte die Verschrottung der »Barracuda«-Klasse.

»Argonaut«

Die »Argonaut« war ein Einzelschiff. Das als Minenleger konzipierte U-Boote wurde im Mai 1925 auf Kiel gelegt und am 2. April 1928 in Dienst gestellt. Sie war das erste Minen-U-Boot der amerikanischen Marine. Der Bau erfolgte auf der Marinewerft in Portsmouth / New Hampshire. Auch bei der »Argonaut« gab es – analog zur »Barracuda«-Klasse – zunächst nur die alphanumerische Bezeichnung »V 4« an Stelle des Namens.

Die »Argonaut« war ein großes Zweihüllenboot mit einem weitreichenden Fahrbereich von 18.000 sm. Sie war das größte U-Boot der US Navy in den 1930er Jahren und wurde in der Schiffsgröße erst später durch die Atom-U-Boote übertroffen. Das U-Boot erreichte eine Tauchtiefe von 95 m. Die Antriebsanlage entsprach in ihrer Konzeption derjenigen der »Barracuda«-Klasse, allerdings waren die Dieselmotoren und die Diesel-Generatoranlagen mit zusammen 3400 PS wesentlich schwächer ausgelegt. Zwei Elektro-Fahrmotoren standen mit ihren insgesamt 2400 PS für die Tauchfahrt zur Verfügung. Die ↑/↓-Geschwindigkeit betrug 15 kn / 8 kn. Die »Argonaut« hatte eine Reichweite von 18.000 sm.

Die Bewaffnung setzte sich auf der »Argonaut« zusammen aus vier 53,3-cm-Bugtorpedorohren und zwei 15,2-cm-Geschützen, die vor und hinter dem Turm an Deck aufgestellt waren. Im Achterschiff wurden zwei Minenmagazine eingerüstet. Über zwei 101,6-cm-Ausstoßrohre konnten in zehn Minuten acht Minen geworfen werden. Die Mitnahmekapazität betrug insgesamt 60 Minen. Zwei zusätzliche Torpedorohre

wurden beim Umbau 1942 im Heckbereich außen eingebaut.

In Folge der begrenzten Wirksamkeit der Minen-ausstattung und des sehr großen zur Verfügung stehenden Raumangebots, baute man im ersten Halbjahr 1942 die »Argonaut« zum Transport-U-Boot um. Dabei wurde Unterkunftskapazität für 120 Mann geschaffen. Außerdem erfolgte der Einbau eines Radargerätes. Zusammen mit der »Nautilus« (siehe Folgekapitel) transportierte sie in ihrem bedeutsamsten Kriegsunternehmen im August 1942 das 2. Marineinfanterie-Nahkampf-bataillon zu einem Angriffsunternehmen gegen japanische Truppen auf die Insel Makin in den Gilbert-Inseln. Am 10. Januar 1943 ging die »Argonaut« mit ihrer gesamten Besatzung durch Angriffe japanischer Zerstörer verloren.

Von 1928 bis 1931 war »V 4« der erste Name der »Argonaut«. (Foto: Bibliothek für Zeitgeschichte)

Bootsname	Argonaut
Bauwerft	Marinewerft, Portsmouth
Verdrängung ↑/↓	3046 t / 4164 t
Länge × Breite × Tiefgang	116,10 × 10,30 × 4,70 m
Tauchtiefe	90
Besatzungsstärke	89
Dieselmotoren	2 × 1400 PS, 2 × 300 PS
Elektro-Fahrmotoren	2 × 1200 PS
Geschwindigkeit ↑/↓	15 kn / 8 kn
Fahrbereich ↑/↓	18.000 sm bei 8 kn / unbekannt
Torpedorohre	4 × 53,3 cm, 6 × 53,3-cm (ab 1942)
Torpedos	16
Artillerie	2 × 15,2-cm-Geschütze
Minen	60
Ausrüstung	Radar (ab 1942)

Das U-Boot »Argonaut« lief am 10. November 1927 auf der Marinewerft in Portsmouth / New Hampshire vom Stapel. (Foto: Bibliothek für Zeitgeschichte)

»Narwhal«-Klasse

Die beiden U-Boote »Narwhal« und »Nautilus« wurden als U-Kreuzer konzipiert und von 1927 bis 1930 auf den Marinewerften in Portsmouth / New Hampshire sowie auf Mare Island / Kalifornien gebaut. Zunächst führten die beiden U-Kreuzer kurzeitig an Stelle eines Namens die alphanumerischen Bezeichnungen »V 5« und »V 6«. Die Zweihüllenboote der »Narwhal«-Klasse lehnten sich in ihrem Schiffsentwurf stark an die zuvor gebaute »Argonaut« an. Sie erreichten eine Tauchtiefe von 90 m – nach anderer Quelle 100 m. Die Antriebsanlage war von identischem Aufbau, jedoch mit anderen Leistungen der einzelnen Motoren (siehe Tabelle). Später wurden vier Dieselmotoren mit jeweils 1600 PS eingebaut und somit die Gesamtleistung im Bereich der Dieselmotoren erhöht. Die ↑/↓-Geschwindigkeit betrug 17 kn / 8 kn und die Reichweite 18.000 sm. An Stelle der Mineneinrichtung auf der »Argonaut« hatten die beiden U-Kreuzer der »Narwhal«-Klasse eine sehr starke Torpedobewaffnung. Vorhanden waren vier Bug- und zwei Hecktorpedorohre, jeweils im Kaliber von 53,3 cm. Bei Nachrüstungen im Jahre 1940 kamen außen nochmals vier

Klassenname	Narwhal
Einzelboote	A: Narwhal, B: Nautilus
Bauwerft	A: Marinewerft, Portsmouth, B: Marinewerft, Mare Island
Verdrängung ↑/↓	2915 t / 4050 t
Länge × Breite × Tiefgang	113,00 × 10,30 × 4,70 m
Tauchtiefe	90 m
Besatzungsstärke	90
Dieselmotoren	2 × 2350 PS, 2 × 450 PS, 4 × 1600 PS (im späteren Austausch)
Elektro-Fahrmotoren	2 × 1270 PS
Geschwindigkeit ↑/↓	17 kn / 8 kn
Fahrbereich ↑/↓	18.000 sm bei 8 kn / unbekannt
Torpedorohre	10 × 53,3 cm
Torpedos	24
Artillerie	2 × 15,2-cm-Geschütz
Minen	Radar (ab 1941)
Ausrüstung	Radar (ab 1942)

Das Bild zeigt den U-Kreuzer »Narwhal« noch mit der zuerst an Stelle des Namens geführten Bezeichnung »V 5«. (Foto: US Navy)

Torpedorohre an Bord, die paarweise vorne und achtern eingebaut wurden. Die Artillerie umfasste zwei 15,2-cm-Geschütze, die vor und hinter dem Turm an Deck aufgestellt waren.

Kurz vor Kriegsbeginn wurde die »Nautilus« zu einem U-Tanker modifiziert, um in See Benzin an Fernaufklärungsflugzeuge abgeben zu können. Beide Einheiten kamen im Krieg, trotz ihrer starken Bewaffnung, wegen ihrer Geräumigkeit und großen Reichweite vornehmlich zu Sonderaufgaben zum Einsatz. Zusammen mit der »Argonaut« nahm zum Beispiel die »Nautilus« an einem Unternehmen gegen die Insel Makin (Gilbert-Inselgruppe) teil. Die »Narwhal« führte mehrere Versorgungsfahrten für Guerillaverbände durch und setzte auf japanisch besetzten Inseln Agenten ab bzw. nahm solche wieder auf. Die U-Kreuzer erfüllten somit hauptsächlich Aufgaben, für die sie eigentlich nicht gedacht waren. Mit ihrer starken Bewaffnung hätten sie durchaus als wertvolle Kampfeinheiten Verwendung finden können. Einige wenige Versenkungen von japanischen Kriegs- und Handelsschiffen gingen dennoch auf ihr Konto. Beide U-Kreuzer überlebten den Zweiten Weltkrieg und wurden danach außer Dienst gestellt und verschrottet.

Vom Juli 1969 bis Juli 1999 stand nochmals ein U-Boot mit dem Namen »Narwhal« im Dienst der amerikanischen Marine. Das nuklear angetriebene U-Boot verdrängte getaucht 5350 t und erreichte eine Unterwassergeschwindigkeit von 30 kn. (Foto: US Navy)

»Porpoise«-Klasse

Die amerikanische »Porpoise«-Klasse – auch oft nur in Kurzform als »P«-Klasse bezeichnet – umfasste in drei Baugruppen insgesamt zehn U-Boote. Sie darf nicht mit der englischen »Porpoise«-Klasse verwechselt werden. Zwischen den beiden Klassen bestehen außer dem Namen keine Zusammenhänge.

Die Einheiten der »Porpoise«-Klasse waren die ersten wirklich modernen Flotten-U-Boote der amerikanischen Marine. Von ihr sind alle späteren U-Bootklassen der US Navy abgeleitet. Die Einheiten entstanden zwischen 1933 und 1937 bei den Marinewerften in Portsmouth / New Hampshire und auf Mare Island / Kalifornien sowie bei der Electric Boat Company in Groton / Connecticut. Die verschiedenen Gruppen hatten leichte Unterschiede in ihrem äußeren Erscheinungsbild, waren aber in der technischen Auslegung gleich.

Die U-Boote der »Porpoise-Klasse waren Zweihüllenboote, die eine Tauchtiefe von 75 m erreichten. Die bei der Electric Boat Company in Grotton gebauten Einheiten (»Shark«, »Tarpon«, »Perch«, »Pickerel«, »Permit«) waren die ersten amerikanischen U-Boote, deren Rumpf geschweißt und nicht genietet war. Im Umkehrschluss waren die fünf anderen Einheiten die letzten genieteten U-Boote der amerikanischen Marine. Zum ersten Mal wurde auch ein diesel-elektrischer Antrieb gewählt. Das heißt: Die beiden Dieselmotoren mit jeweils 2150 PS Leistung waren nicht mehr auf die Wellen geschaltet, sondern versorgten über Generatoren zwei jeweils 1150 PS starke und fest mit den Wellen verbundene Elektro-Fahrmotoren mit elektrischem Strom. Bei Tauchfahrt erhielten diese ihre elektrische Energie aus der Batterie. Die ↑/↓-Geschwindigkeit der U-Boote betrug 19 kn / 8 kn. Ihre Reichweite war mit 10.000 sm auf die Weite des Pazifischen Ozeans ausgerichtet. Die Größe der U-Boote gestattete auch eine verbesserte Unterbringung der Besatzung.

Klassenname	Porpoise
Einzelboote	Gruppe 1: Porpoise, Pike, Gruppe 2: Shark, Tarpon, Gruppe 3: Perch, Pickerel, Permit, Plunger, Pollack, Pompano
Bauwerften	Gruppe 1: Marinewerft, Portsmouth, Gruppe 2: Electric Boat Company, Groton, Gruppe 3: Electric Boat Company, Grotton, Gruppe 3: Marinewerft, Portsmouth, Gruppe 3: Marinewerft Mare Island
Verdrängung ↑/↓	Gruppe 1: 1310 t / 1960 t, Gruppe 2: 1315 t / 1968 t, Gruppe 3: 1335 t / 2005 t
Länge × Breite × Tiefgang	Gruppe 1: 91,70 × 7,60 × 4,00 m, Gruppe 2: 90,80 × 7,60 × 4,20 m, Gruppe 3: 91,60 × 7,60 × 4,20 m
Tauchtiefe	75 m
Besatzungsstärke	55
Dieselmotoren	2 × 2150 PS
Elektro-Fahrmotoren	2 × 1150 PS
Geschwindigkeit ↑/↓	19 kn / 8 kn
Fahrbereich ↑/↓	10.000 sm bei 10 kn / 42 sm bei 5 kn
Torpedorohre	6 × 53,3 cm, 8 × 53,3 cm (teilweise)
Torpedos	16, 18 (teilweise)
Artillerie	1 × 7,6-cm-Geschütz (ursprünglich), 1 × 10,2-cm-Geschütz (teilweise ab 1943)

Die Bewaffnung der »Porpoise«-Klasse bestand aus sechs 53,3-cm-Torpedorohren, von denen zwei achtern eingebaut waren. Bei einigen Einheiten waren zwei außen gelegene Torpedorohre zusätzlich eingerüstet. Die Artilleriebewaffnung war anfangs mit einem 7,6-cm-Geschütz an Bord vorhanden. Im Jahr 1943 wurde dieses auf einigen Booten durch ein 10,2-cm-Geschütz ausgetauscht. U-Boote der »Porpoise«-Klasse führten nach dem Überfall auf Pearl Harbor zusammen mit Einheiten der »Salmon«-, »Sargo«- und »Tambor«-Klasse die ersten Unternehmungen gegen den japanischen Gegner durch. Sie standen vom Dezember 1941 bis zum August 1945 nahezu ununterbrochen in See. Vier Einheiten (»Shark«, »Perch«, »Pickerel«, »Pompano«) gingen 1942 / 1943 bei den Einsätzen verloren. Die übrigen U-Boote wurden nach dem Zweiten Weltkrieg außer Dienst gestellt und Mitte der 1950er Jahren abgebrochen.

U-Boot »Porpoise«. (Foto: US Navy)

Als einzige Einheit von den zehn U-Booten der »Porpoise«-Klasse wurde die »Pampona« bei der Marine-werft auf Mare Island / Kalifornien gebaut. (Foto: US Navy)

»Salmon«-Klasse

Die »Salmon«-Klasse war die direkte und leicht vergrößerte Fortsetzung der »Porpoise«-Klasse. Insgesamt entstanden sechs U-Boote auf den Marinewerften in Portsmouth / New Hampshire und Mare Island / Kalifornien sowie bei der Electric Boat Company in Groton / Connecticut. Das Typschiff wurde am 15. April 1936 auf Kiel gelegt und die letzte Einheit stellte am 15. März 1938 in Dienst. Die U-Boote hatten Namen und führten am Turm und am Bug auch S-Kennungen, die während des Krieges entfernt wurden.
Die Zweihüllenboote der »Salmon«-Klasse hatten

eine Tauchtiefe von 80 m. Der Aufbau der Antriebsanlage unterschied sich jedoch von derjenigen der »Porpoise«-Klasse. Sie waren mit vier Dieselmotoren ausgerüstet, wovon zwei über ein Getriebe direkt auf die Wellen geschaltet waren und zwei über Generatoren Strom für die vier Elektro-Fahrmotoren erzeugten, die fest auf den Wellen saßen und zugeschaltet werden konnten. Somit stand bei Überwasserfahrt eine Kombination aus direktem und diesel-elektrischem Antrieb zur Verfügung, was auch als »composite drive« bezeichnet wurde. Bei Tauch-

U-Boot »Salmon«. (Foto: US Navy)

fahrt fuhr das Boot mit den Elektro-Fahrmotoren. Die Leistungsangaben der Motoren sind in der Tabelle aufgelistet. Die ↑/↓-Geschwindigkeit belief sich auf 20 kn / 9 kn und die Fahrstrecke auf 10.000 sm.

Die U-Boote der »Salmon«-Klasse waren mit acht 53,3-cm-Topedorohren ausgerüstet, die je zur Hälfte vorne und achtern eingebaut waren. Als Artillerie war ein 7,6-cm-Geschütz vorhanden, das hinter dem Turm an Oberdeck stand. Einige Einheiten hatten aber auch 10,2-cm- oder 12,7-cm-Geschütze an Bord.

Alle Einheiten der »Salmon«-Klasse waren von Anfang an in den U-Bootkrieg im Pazifik eingebunden und dort recht erfolgreich.

»Salmon« wurde bei einer Wasserbomben-verfolgung durch japanische U-Jagdeinheiten auf 152 m Wassertiefe gedrückt. Obwohl nur für 80 m Tauchtiefe ausgelegt, überstand der Druckkörper dennoch diese enorme Belastung. »Stingray« war mit 16 Feindfahrten das am längsten eingesetzte U-Boot der US Navy.

Die »Skipjack« wurde 1946 bei einem Nuklear-test der amerikanischen Marine im Bikini-Atoll als Zielschiff verwendet. Das dabei gesunkene U-Boot wurde wieder gehoben und 1948, nachdem es zwischendurch nochmals als Ziel für Luftangriffe diente, verschrottet. Auch alle anderen U-Boote der »Salmon«-Klasse überlebten den Zweiten Weltkrieg und wurden bis auf die »Seal« anschließend verschrottet. »Seal« blieb noch bis 1956 als Schulboot im Dienst, um dann ebenfalls seinen Schwester-schiffen in den Hochofen zu folgen.

Klassenname	Salmon
Einzelboote	A: Salmon, Seal, Skipjack, B: Snapper, Stingray, C: Sturgeon
Bauwerften	A: Electric Boat Company, Groton, B: Marinewerft, Portsmouth, C: Marinewerft, Mare Island
Verdrängung ↑/↓	1449 t / 2198 t
Länge × Breite × Tiefgang	93,80 × 7,90 × 4,30 m
Tauchtiefe	80 m
Besatzungsstärke	70
Dieselmotoren	4 × 1375 PS
Elektro-Fahrmotoren	4 × 665 PS
Geschwindigkeit ↑/↓	20 kn / 9 kn
Fahrbereich ↑/↓	10.000 sm bei 10 kn / 85 sm bei 5 kn
Torpedorohre	8 × 53,3 cm
Torpedos	24
Artillerie	1 × 7,6-cm-Geschütz (ursprünglich), 1 × 10,2-cm-Geschütz (teilweise), 1 × 12,7-cm-Geschütz (teilweise)

*Das U-Boot »Seal«
blieb bis Mitte
der 1950er Jahre
als Schulboot im
Dienst der amerikani-
schen Marine.
(Foto: US Navy)*

U-Boot »Skipjack«.
(Foto: US Navy)

»Sargo«-Klasse

Die »Sargo«-Klasse unterschied sich geringfügig von der »Salmon«-Klasse. Die zehn U-Boote entstanden von 1937 bis 1939 bei der Electric Boat Company in Groton / Connecticut sowie auf den Marinewerften in Portsmouth / New Hampshire und Mare Island / Kalifornien.

Die Zweihüllenboote der »Sargo«-Klasse waren für eine Tauchtiefe von 80 m ausgelegt. Der Bootskörper war 60 cm länger als derjenige der «Sargo«-Klasse. Weiterhin gab es Änderungen in der Aufteilung der Kraftstoffbunker innerhalb des Bootes und in den Turmformen. Ansonsten galten für die Schiffstechnik ebenso wie für die Bewaffnung die Ausführungen wie bei der »Salmon«-Klasse im vorangehenden Kapitel.

Bei den zuletzt gebauten vier Einheiten (»Seadragon«, »Sealion«, »Searaven«, »Seawolf«) kehrte man allerdings zu einem normalen diesel-elektrischen Antrieb zurück.

Durch einen Tauchunfall sank am 23. Mai 1939 die »Squalus« bei einer Erprobungsfahrt. Von der Besatzung kamen 23 Mann ums Leben. Das Boot

Ein Bild der »Searaven« aus Friedenstagen. Zu erkennen an der aufgemalten Bordnummer 196.
(Foto: US Navy)

wurde wieder gehoben und dann am 15. Mai 1940 als »Sailfish« in Dienst gestellt. Auch die U-Boote der »Sargo«-Klasse waren von 1941 bis 1945 ununterbrochen im Pazifik eingesetzt und konnten zahlreiche Erfolge erzielen. So war zum Beispiel die »Swordfish« die erste amerikanische Einheit, die im Zweiten Weltkrieg ein japanisches Schiff versenkt hatte.

Vier U-Boote gingen im Zweiten Weltkrieg verloren. Die »Swordfish« wurde durch japanische Seestreit-kräfte mit Wasserbomben versenkt. »Sealion« und »Sculpin« mussten nach Beschädigungen in Kampfhandlungen selbst versenkt werden. Die Versenkung der »Seawolf« erfolgte durch »friendly

Klassenname	Sargo
Einzelboote	A: Sargo, Saury, Spearfish, Seadragon, Sealion, B: Sculpin, Sailfish ex Squalus, Searaven, Seawolf, C: Swordfish
Bauwerften	A: Electric Boat Company, Groton, B: Marinewerft, Portsmouth, C: Marinewerft, Mare Island
Verdrängung ↑/↓	1450 t / 2350 t
Länge × Breite × Tiefgang	94,40 × 8,20 × 4,00 m
Tauchtiefe	80 m
Besatzungsstärke	70
Dieselmotoren	4 × 1375 PS
Elektro-Fahrmotoren	4 × 665 PS
Geschwindigkeit ↑/↓	20 kn / 9 kn
Fahrbereich ↑/↓	10.000 sm bei 10 kn / 85 sm bei 5 kn
Torpedorohre	8 × 53,3 cm
Torpedos	24
Artillerie	1 × 7,6-cm-Geschütz (ursprünglich), 1 × 10,2-cm-Geschütz (teilweise), 1 × 12,7-cm-Geschütz (teilweise)

fire«. Sie wurde irrtümlich durch eigene Flugzeuge und ein eigenes Schiff vernichtet. Die übrigen sechs Einheiten überstanden den Zweiten Weltkrieg und wurden in den 1940er Jahren verschrottet. Bei der »Searaven« kam es zuvor noch zu einer Verwendung als Zielschiff bei den 1946 durchgeführten amerikanischen Nukleartests im Bikini-Atoll.

U-Boot »Spearfish«. (Foto: US Navy)

Das U-Boot »Seadragon« mit der im Frieden aufgemalten Bordnummer 194. (Foto: US Navy)

Das U-Boot »Swordfish« führte in Friedenszeiten die Bordnummer 193 beidseitig am Turm und an der Bugspitze. (Foto: US Navy)

Die Abbildung zeigt das im Bau befindliche U-Boot »Squalus«. Auf einer Erprobungsfahrt sank das Boot, wurde gehoben und dann unter dem Namen »Sailfish« in Dienst gestellt. (Foto: US Navy)

»Tambor«-Klasse

Mit der »Tambor«-Klasse – sie war die direkte Weiterentwicklung der »Sargo«-Klasse und wird auch oft in Kurzform als »T«-Klasse bezeichnet – sollte nach der friedensmäßigen Planung der U-Bootbau in der amerikanischen Marine zunächst mal abgeschlossen werden.

Das Typschiff »Tambor« wurde am 16. Januar 1939 auf Kiel gelegt. Mit der Indienststellung der »Gudgeon« war die Bauserie am 21. April 1941 beendet. Die Namen der zwölf gebauten U-Boote begannen bei den ersten sechs Einheiten mit dem Buchstaben T und bei den restlichen Booten mit G. Letztere werden zuweilen auch als »Gar«-Klasse bezeichnet. Die U-Boote der »Tambor«-Klasse entstanden bei der Electric Boat Company in Groton / Connecticut sowie auf den Marinewerften in Portsmouth / New Hampshire und auf Mare Island / Kalifornien. Als letzte Friedensklasse setzte die »Tambor«-Klasse Maßstäbe für die nach ihr folgenden Kriegsbauten, deren Boote dann kriegsbedingt in sehr hoher Anzahl gebaut wurden.

Die »Tambor«-Klasse war als Zweihüllenboot ausgelegt und erreichte eine Tauchtiefe von 90 m –

Das U-Boot »Thresher« überstand den Zweiten Weltkrieg und wurde 1948 verschrottet. (Foto: US Navy)

Das U-Boot »Tuna« überstand 1946 als Zielschiff einen amerikanischen Nukleartest im Bikini-Atoll und wurde dann 1948 verschrottet. (Foto: US Navy)

Klassenname	Tambor
Einzelboote	A: Tambor, Tautog, Thresher, Gaer, Grampus, Grayback, B: Triton, Trout, Grayling, Grenadier, C: Tuna, Gudgeon
Bauwerften	A: Electric Boat Company, Groton, B: Marinewerft, Portsmouth, C: Marinewerft, Mare Island
Verdrängung ↑/↓	1475 t / 2370 t
Länge × Breite × Tiefgang	93,50 × 8,50 × 4,90 m
Tauchtiefe	90 m
Besatzungsstärke	80
Dieselmotoren	4 × 1350 PS
Elektro-Fahrmotoren	2 × 1370 PS
Geschwindigkeit ↑/↓	20 kn / 8,5 kn
Fahrbereich ↑/↓	10.000 sm bei 10 kn / 60 sm bei 5 kn
Torpedorohre	10 × 53,3 cm
Torpedos	24
Artillerie	1 × 7,6-cm-Geschütz (ursprünglich), 1 × 10,2-cm-Geschütz (teilweise), 1 × 12,7-cm-Geschütz (teilweise), 2 × 2-cm-Geschütz (nachgerüstet)
Ausrüstung	Radar

nach einer anderen Quelle jedoch nur 75 m. Bei diesen U-Booten gab es, wie bereits bei den letzten Einheiten der »Sargo«-Klasse schon geschehen, wieder einen normalen diesel-elektrischen Antrieb. Vier Dieselmotoren von jeweils 1350 PS erzeugten über Generatoren den elektrischen Strom für die beiden Elektro-Fahrmotoren, die wiederum jeweils eine Leistung von 1370 PS erbringen konnten. Sie bezogen bei Tauchfahrt ihre Energie von der Batterie. Die ↑/↓-Geschwindigkeit belief sich auf 20 kn / 8,5 kn. Die Reichweite betrug 10.000 sm.

Die Torpedobewaffnung erhöhte sich bei dieser Klasse in der Anzahl um zwei Rohre auf insgesamt zehn 53,3-cm-Torpedorohre, von denen vier achtern eingebaut waren. Damit waren zum ersten Mal auf amerikanischen U-Booten sechs Bugtorpedorohre vorhanden. Die U-Boote der »Tambor«-Klasse waren ursprünglich mit einem hinter dem Turm an Oberdeck stehenden 7,6-cm-Geschütz ausgerüstet, das im Krieg durch 10,2-cm- oder 12,7-cm-Geschütze ersetzt wurde. Während des Krieges kam es zu Änderungen am Turm. Vorne und achtern wurde eine Plattform für ein 2-cm-Geschütz angebaut. Außerdem wurden die Boote mit Radar ausgestattet.

Im Dezember 1941 waren die U-Boote der »Tambor«-Klasse die modernsten U-Boote der amerikanischen Marine. Die sechs zum Zeitpunkt des Überfalls auf Pearl Harbor in hawaiischen Gewässern befindliche Boote begannen sofort mit dem Einsatz gegen japanische Kriegs- und Handelsschiffe. Die U-Boote der »Tambor«-Klasse erreichten während des Krieges gute Erfolge. Die »Tautog« erzielte mit 26 Schiffen die höchste Versenkungsrate eines amerikanischen U-Bootes im Krieg gegen

Diese Kriegsaufnahme des U-Bootes »Gar« veranschaulicht den Turmumbau und die Einrüstung von zusätzlichen 2-cm-Geschützen. (Foto: US Navy)

Japan. Drei japanische Flugzeugträger wurden von U-Booten der »Tambor«-Klasse durch Torpedotreffer schwer beschädigt, aber auch sieben U-Boote der »Tambor«-Klasse gingen bei Kampfeinsätzen verloren. Nach dem Krieg blieben »Tambor«, »Tautog« und »Gar« der amerikanischen Marine bis 1959 als Schulboote erhalten und wurden dann verschrottet. »Thesher« und »Tuna« mussten schon 1948 diesen Weg gehen, wobei zuvor »Tuna« 1946 einen amerikanischen Nukleartest im Bikini-Atoll als Zielschiff leicht beschädigt überstanden hatte.

Das U-Boot »Grayback« ging im Februar 1944 durch Feindeinwirkung verloren. (Foto: US Navy)

»Gato«-Klasse

Die »Gato«-Klasse war die konsequente Weiterentwicklung der »Salmon«-, »Sargo«- und insbesondere der »Tambor«-Klasse. Mit sechs Einheiten aus dem Haushalt 1941 sollte nach der
ursprünglichen Planung lediglich die »Tambor«-
Klasse aufgestockt werden. Aus diesen sechs
U-Booten wurden jedoch dann 77 U-Boote einer
eigenen Klasse. Mit dieser »Gato«-Klasse begann
der kriegsbedingte zahlenmäßig starke Ausbau
der amerikanischen U-Bootwaffe.

Von Oktober 1940 bis März 1944 fand deren
Bau bei der Electric Boat Company in Groton /
Connecticut, den Marinewerften in Portsmouth /

New Hampshire und auf Mare Island / Kalifornien
sowie bei der Manitowoc Shipbuilding Company
in Manitowoc / Wisconsin statt.

Die U-Boote der »Gato«-Klasse waren als Zweihüllenboote konstruiert und für eine Tauchtiefe
von 95 m ausgelegt. Unter Beibehaltung der allgemeinen Größe und Bewaffnung der »Tambor«-
Klasse unterschieden sie sich jedoch in der
Antriebsanlage. Weitere Besonderheiten war der
große Fahrbereich und die gute Ausstattung des
Wohnbereichs der Besatzung.

Die diesel-elektrische Antriebsanlage bestand
aus vier Dieselmotoren von jeweils 1350 PS,

Das U-Boot »Kingfish« lief am 2. März 1942 auf der Marinewerft in Portsmouth / New Hampshire vom Stapel.
(Foto: US Navy)

U-Boot »Barb«. (Foto: US Navy)

die über Generatoren vier 685 PS starke Elektro-
Fahrmotoren mit elektrischem Strom versorgten.
Letztere waren paarweise auf die Wellen geschaltet.
Damit erreichten die U-Boote der »Gato«-Klasse
eine ↑/↓-Geschwindigkeit von 20 kn / 8,7 kn.
Die Fahrstrecke von 11.800 sm war optimal auf
das zugedachte Einsatzgebiet – die Weite des
pazifischen Raumes – abgestimmt.
Die Bewaffnung der »Gato«-Klasse bestand aus
zehn Torpedorohren im üblichen Kaliber von
53,3 cm. Davon waren sechs im Bugbereich
eingebaut und vier befanden sich achtern. Die
Artillerie war unterschiedlich eingerüstet. Zur Verwendung kamen ein 7,6-cm- oder 10,2-cm- oder
12,7-cm-Geschütz. Die Geschütze standen an
Oberdeck hinter dem Turm, waren aber auch
bei einigen Booten vor dem Turm zu finden.
Einige Einheiten hatten zusätzlich noch zwei 2-cm-
respektive 4-cm-Geschütze an Bord, die auf vorne
und achtern am Turm angebrachten Plattformen
standen. An Stelle von Torpedos konnten auf der
»Gato«-Klasse 40 Minen mitgenommen werden.
Auch ein Mix der beiden Waffen war möglich.
Die Besatzung war, angesichts der zu erwarten-
den langen Seefahrten in tropischen Gewässern,
für U-Bootverhältnisse komfortabel untergebracht.
Klimaanlage, Frischwassererzeuger, Wasch-
maschine und Kühltruhe waren vorhanden.

Klassenname	Gato
Einzelboote	77
Bauwerften	Electric Boat Company, Groton, Marinewerft, Portsmouth, Marinewerft, Mare Island, Manitowoc Shipbuilding Company, Manitowoc
Verdrängung ↑/↓	1825 t / 2424 t
Länge × Breite × Tiefgang	95,00 × 8,32 × 4,66 m
Tauchtiefe	95 m
Besatzungsstärke	60 bis 80
Dieselmotoren	4 × 1350 PS
Elektro-Fahrmotoren	4 × 685 PS
Geschwindigkeit ↑/↓	20 kn / 8,7 kn
Fahrbereich ↑/↓	11.800 sm bei 10 kn / 95 sm bei 5 kn
Torpedorohre	10 × 53,3 cm
Torpedos	24
Artillerie	1 × 7,6-cm-Geschütz oder 1 × 10,2-cm-Geschütz oder 1 × 12,7-cm-Geschütz, 2 × 2-cm-Geschütz oder 2 × 4-cm-Geschütz
Minen	40 (an Stelle von Torpedos)
Ausrüstung	Radar, Klimaanlage

Auch hatte jedes Besatzungsmitglied eine eigene Koje. Dinge von denen deutsche und auch englische U-Bootfahrer nur träumen konnten. Die im Einsatz in der Regel auf sich gestellten U-Boote waren weitestgehend autonom und im Normalfall nicht auf logistische Unterstützung angewiesen. Die U-Boote der »Gato«-Klasse trugen von Anfang an die Hauptlast im pazifischen Zufuhrkrieg, wo sie fast ausschließlich eingesetzt wurden. Die U-Boote hatten dort große Erfolge. Mit 21 versenkten japanischen Handelsschiffen war das U-Boot »Flasher« das erfolgreichste Boot dieser Klasse. Nur wenige Boote kamen auch 1942 / 1943 vorübergehend im östlichen Atlantik zur Unterstützung der anglo-amerikanischen Landung in Nordafrika zum Einsatz. Insgesamt gingen 17 U-Boote der »Gato«-Klasse während des Zweiten Weltkriegs bei Kampfhandlungen verloren. Drei weitere U-Boote gerieten anderweitig in Verlust. Von den überlebenden Booten blieben einige im Dienst der US Navy. Andere wiederum wurden in den Reservestatus überführt oder für Sonderverwendungen umgebaut. Bei wieder anderen erfolgte Mitte der 1950er Jahre eine Abgabe an befreundete Nationen (Brasilien, Griechenland, Italien, Türkei). Kurioserweise erhielt auch der frühere Kriegsgegner Japan mit der »Mingo« ebenfalls eine Einheit. Das U-Boot stellte dort als »Kuroshio« in Dienst und holte erst 1966 Flagge und Wimpel nieder. Im Zweiten Weltkrieg hatte die »Mingo« einen japanischen Zerstörer und fünf japanische Handelsschiffe versenkt.

Die im aktiven Dienst der amerikanischen Marine verbliebenen U-Boote wurden nach dem Krieg umfassend modernisiert und umgestaltet. Die Boote erhielten leistungsfähigere Batterien und die Artillerie kam, da nicht mehr zeitgemäß, von Bord.

Bei der Manitowoc Shipbuilding Company in Manitowoc / Wisconsin lief die »Rabola« am 9. Mai 1943 vom Stapel. Dies musste wegen der dortigen beengten räumlichen Verhältnisse in einem Querstapellauf erfolgen. (Foto: US Navy)

Das U-Boot »Cobia« blieb der Nachwelt erhalten. Am 1. Juli 1970 wurde das Boot aus der Flottenliste der US Navy gestrichen und liegt heute in Manitowoc beim Wisconsin Maritime Museum als Museumsschiff an der Pier. (Foto: Andrew Dramm / CC-BY-SA 3.0)

Das U-Boot »Cavalla« in seinem Aussehen nach dem Umbau in der Nachkriegszeit. Die Artillerie wurde entfernt und das Boot am Bug und in der Turmform stromlinienförmiger gestaltet. (Foto: US Navy)

Das U-Boot »Cavalla« wurde im Dezember 1969 aus der Flottenliste der US Navy gestrichen. Seit Anfang 1971 ist es auf Pelican Island nahe Galveston / Texas als Museumsschiff im Seawolf Park an Land aufgestellt. (Foto: Aaron headly / CC-BY-SA 4.0)

Der Hecktorpedo-raum des Museums-U-Bootes »Cavalla« mit den vier 53,3-cm-Torpedorohren. (Foto: Imjeffp / CC-BY-SA 4.0)

Der Bugtorpedo-raum des Museums-U-Bootes »Cavalla«. Deutlich zu erkennen sind die beiden oberen 53,3-cm-Torpedorohre und die gelagerten Reservetorpedos. Die vier übrigen Bugrohre waren unterhalb der Flur-plattenebene ein-gebaut und sind auf der Abbildung nicht zu sehen. (Foto: Pingpaul / CC-BY-SA 3.0)

Turm und Vorschiff wurden stromlinienförmig gestaltet, um unter Wasser eine höhere Geschwindigkeit erreichen zu können. Die letzten U-Boote der »Gato«-Klasse stellten bei der US Navy Ende der 1960er Jahre außer Dienst. Bei den anderen Marinen blieben die U-Boote der »Gato«-Klasse teilweise bis in die Mitte der 1970er Jahre im aktiven Flottendienst. Einige U-Boote sind in den USA der Nachwelt als Museumsschiffe erhalten geblieben.

Das U-Boot »Angler« durchläuft Anfang der 1960er eine Werftüberholung. Deutlich ist der nach dem Krieg geänderte und stromlinienförmig gestaltete Bug zu erkennen. (Foto: US Navy)

»Balao«-Klasse

Zwischen der »Balao«- und der vorhergehenden »Gato«-Klasse gab es eigentlich, wenn man von der größeren Tauchtiefe von 120 m absieht, keinen nennenswerten Unterschied. Durch die Verwendung von besseren Stahlsorten war dies möglich geworden. Aus dem Kriegsprogramm 1942 wurden 138 zu bauende Einheiten dieser Klasse geplant. Letztendlich fertiggestellt wurden

Zwei U-Boote der »Balao«-Klasse im Baudock. Die Bauzeit eines U-Bootes wird in der Fachliteratur mit nur neun Monaten angegeben. (Foto: US Navy)

Die Nachkriegsaufnahme zeigt das U-Boot »Carbonero« mit achtern auf dem Oberdeck zu Testzwecken eingerüsteten Raketen. (Foto: US Navy)

120 U-Boote. Zeitpunkt der Kiellegung des ersten U-Bootes war der 26. Juni 1942. Das letzte U-Boot der »Balao«-Klasse stellte im Zweiten Weltkrieg am 29. März 1945 in Dienst.

Drei im Krieg noch auf Stapel gelegte Boote wurden in einer modernisierten Variante zu Ende gebaut und folgten bis September 1948. Von diesen drei Einheiten abgesehen, betrug die jeweilige Bauzeit eines »Balao«-U-Bootes nur neun Monate.

Entstanden sind die 120 U-Boote bei den Marinewerften in Portsmouth / New Hampshire und auf Mare Island / Kalifornien, der Electric Boat Company in Groton / Connecticut, der Manitowoc Shipbuilding Company in Manitowoc / Wisconsin und bei der William Cramp & Sons Shipbuilding Company in Philadelphia / Pennsylvania.

Die U-Boote der »Balao«-Klasse trugen zusammen mit den Booten der »Gato«-Klasse die Hauptlast im Pazifikkrieg. Auch ihnen gelangen große Erfolge. Das mit 24 Schiffsversenkungen erfolgreichste U-Boot der »Balao«-Klasse war die »Tang«. Ein weiteres U-Boot der Klasse, die »Archerfish« war verantwortlich für den Untergang des 69.000 t großen japanischen Flugzeugträgers »Shinano«, des größten jemals von einem U-Boot versenkten Kriegsschiffes. Von den U-Booten der »Balao«-Klasse gingen neun durch Kampfhandlungen verloren.

Klassenname	Balao
Einzelboote	120
Bauwerften	Marinewerft, Portsmouth, Marien Werft, Mare Island, Electric Boat Company, Groton, Manitowoc Shipbuilding Company, Manitowoc, Cramp Shipbuilding Company, Philadelphia
Verdrängung ↑/↓	1826 t / 2414 t
Länge × Breite × Tiefgang	95,00 × 8,32 × 4,66 m
Tauchtiefe	120 m
Besatzungsstärke	60 bis 80
Dieselmotoren	4 × 1350 PS
Elektro-Fahrmotoren	4 × 685 PS
Geschwindigkeit ↑/↓	20 kn / 8,7 kn
Fahrbereich ↑/↓	11.800 sm bei 10 kn / 95 sm bei 5 kn
Torpedorohre	10 × 53,3 cm
Torpedos	24
Artillerie	1 × 10,2-cm-Geschütz oder 1 × 12,7-cm-Geschütz, 2 × 2-cm-Geschütz oder 2 × 4-cm-Geschütz
Minen	40 (an Stelle von Torpedos)
Ausrüstung	Radar, Sonar

Das U-Boot »Tang« war mit 24 Versenkungen feindlicher Schiffe das erfolgreichste U-Boot der »Balao«-Klasse. (Foto: US Navy)

Nach dem Krieg wurden die meisten U-Boote der »Balao«-Klasse still gelegt und in die Reserve überführt. Bei vielen Booten erfolgte aber auch eine Modernisierung und Umbau, und damit einhergehend die Weiterverwendung. Drei U-Boote, die »Pilotfish«, die »Apogon« ex »Abadejo« und die »Skate«, fanden 1946 bei den amerikanischen Nukleartests im Bikini-Atoll als Zielschiffe Verwendung und wurden dabei zerstört oder versenkt. Zahlreichen amerikanischen Verbündeten (Argentinien, Brasilien, Chile, Griechenland, Italien, Kanada, Niederlande, Peru, Spanien, Türkei, Venezuela) wurden in den 1950er Jahren weitere U-Boote überlassen. Der amerikanischen Marine blieben sie, zuletzt als Schulboote genutzt, bis in die 1970er Jahre erhalten. Ebenso lange waren sie auch bei den ausländischen Marinen im Dienst verblieben. In Italien wurde im Dezember 1977 das letzte noch aktive U-Boot der »Balao«-Klasse außer Dienst gestellt. Einige Boote der »Balao«-Klasse sind in den USA als Museumsschiffe erhalten geblieben.

Der Turm und das Mittelschiff des Typschiffes »Balao«. (Foto: US Navy)

Die Reserveflotte von »Balao«-U-Booten Anfang der 1950er Jahre. (Foto: US Navy)

Das U-Boot »Dentuda« und ein weiteres U-Boot als Auflieger an der Pier. Die Aufnahme stammt vom Oktober 1946. (Foto: US Navy)

Das U-Boot »Bowfin« hat seit 1979 als Museums-U-Boot seinen Liegeplatz in Pearl Harbor / Hawaii. Es wurde zuletzt als Ausbildungs-U-Boot für Reservisten der US Navy eingesetzt und am 1. Dezember 1971 ausgemustert. (Foto: Cliff / CC-BY-SA 2.0)

Die Aufnahme vom 18. Juni 1974 zeigt das außer Dienst gestellte und in der US Naval Base San Diego/ Kalifornien aufliegende U-Boot »Roncador«. Das Boot wurde 1976 verkauft und verschrottet. Lediglich der Turm wird in San Diego als Denkmal noch aufbewahrt. (Foto: Karr)

Die »Pampanito« liegt als Museums-U-Boot in San Francisco/Kalifornien. (Foto: Mike Peel / CC-BY-SA 4.0)

Der Heck-Torpedorohrsatz von vier 53,3-cm-Torpedorohren des Museums-U-Bootes »Bowfin«. Man beachte die großzügige Verwendung von Kupfer und Messing. (Foto: Shebs / CC-BY-SA 3.0)

WEITERE INTERESSANTE BÜCHER ZUM THEMA

128 Seiten, 146 Abbildungen,
Format 140 × 205 mm
ISBN 978-3-613-03928-5
€ 12,00 / € (A) 12,40

128 Seiten, 148 Abbildungen,
Format 140 × 205 mm
ISBN 978-3-613-04062-5
€ 12,00 / € (A) 12,40

128 Seiten, 183 Abbildungen,
Format 140 × 205 mm
ISBN 978-3-613-03773-1
€ 12,00 / € (A) 12,40

112 Seiten, 139 Abbildungen,
Format 140 × 205 mm
ISBN 978-3-613-03772-4
€ 12,00 / € (A) 12,40

Stand März 2019
Änderungen in Preis und
Lieferfähigkeit vorbehalten.

Überall, wo es Bücher gibt, oder unter
WWW.MOTORBUCH-VERSAND.DE
Service-Hotline: 0711-78 99 21 51